Erhebungstechniken

Von
Dr. Götz S c h m i d t

A. Erhebungsinhalte

Lernziel:

Es gibt eine Reihe unterschiedlicher Sachverhalte, die im Rahmen der organisatorischen Arbeit erhoben werden müssen. Sie sollen nach dem Studium dieses Abschnittes

— die unterschiedlichen, zu erhebenden Sachverhalte kennen,

— speziell die Sachverhalte kennen, die im Zusammenhang mit der Mengen-, Zeit- und Raumerhebung wichtig sind.

I. Allgemeine Erhebungsinhalte

Organisation in einem System (Unternehmung, Behörde, Betrieb usw.) bedeutet, daß den beteiligten Stellen bestimmte Aufgaben zugeteilt werden. Zur Aufgabenerfüllung werden ihnen Sachmittel und Informationen zur Verfügung gestellt. Außerdem wird durch die Organisation geregelt, in welcher **zeitlichen** und **örtlichen** Folge Aufgaben zu erledigen sind.

Verallgemeinert sind bei Organisationsuntersuchungen folgende Erhebungsinhalte bedeutsam.

Inhalte	Fragestellung	Beispiel
Aufgabenträger	wer?	Sachbearbeiter Einkauf
Aufgaben	was? wie? woran?	Einkaufen von Gütern, nachdem zuvor ein schriftliches Angebot eingeholt wurde.
Sachmittel Informationen	womit?	Diktiergerät, Texthandbuch, Bezugsquellenverzeichnis, Lieferanten-, Konditionenkartei.
Aufbaubeziehungen	wer mit wem?	Mitarbeiter des Leiters Einkauf, weisungsberechtigt gegenüber der Schreibkraft.
Ablaufbeziehungen	woher? wohin? wovor? wonach?	Wird tätig nach dem Eingang einer schriftlichen oder telefonischen Anforderung; gibt Auftragsschreiben zum Gegenzeichnen an den Leiter Einkauf.
Menge	wieviel? wie oft?	Jede beliebige Menge.
Zeit	wie lange? wann?	Arbeitszeit täglich von 8—12.30 und von 13.30—17.00.
Orte/Raum	wo?	Büro Nr. 2112

Auf Aufgaben, Sachmittel, Aufgabenträger und Informationen, Aufbau- und Ablaufbeziehungen wird in gesonderten Lehrbriefen ausführlich eingegangen. Hier sollen nun noch weiterführende Aussagen zu den Mengen, Zeiten und Orten gemacht werden.

II. Spezielle Inhalte

1. Mengen

Die Erforschung von Mengen ist in verschiedener Hinsicht für die praktische Organisationsarbeit sehr wichtig, so z. B.

— für die Personalbemessung (Bestimmung des mengenmäßigen Personaleinsatzes),
— für den Einsatz von personalsparenden Sachmitteln,
— als Ansatzpunkte für Rationalisierungsüberlegungen.

Im Vordergrund stehen die Aufgabenhäufigkeiten (Mengen), gemessen etwa an der Zahl eingehender Anforderungen im Einkauf. Daneben sind gelegentlich auch noch Aufgabenträger, Sachmittel, Informationen und Beziehungen (bezüglich Aufbau und Ablauf) mengenmäßig zu erfassen. In fast allen Fällen ist jedoch eine reine Mengenerfassung nicht ausreichend. Daneben spielen fast immer die Stück- und Gesamtzeiten eine entscheidende Rolle.

2. Zeiten

Zeiten können für die organisatorischen Elemente und für organisatorische Beziehungen erfaßt werden. Bei den Beziehungen handelt es sich meistens um **Durchlaufzeiten** (so z. B. um die Zeit, die zwischen dem Auftreten eines Bedarfes und der endgültigen Bestellung der Ware liegt).

Bezogen auf die Elemente lassen sich Zeiten im Zusammenhang mit Aufgaben, Aufgabenträgern und Sachmitteln erfassen.

Zeiten im Zusammenhang mit **Aufgaben**

① Zeit je Erfüllungsvorgang (Stückzeit)
② Gesamtzeit für die Aufgabe in einem bestimmten Zeitraum
③ Zeitpunkt oder Zeitraum des Aufgabenanfalls

Aus der Sicht der bearbeiteten Objekte lassen sich folgende Zeiten unterscheiden:

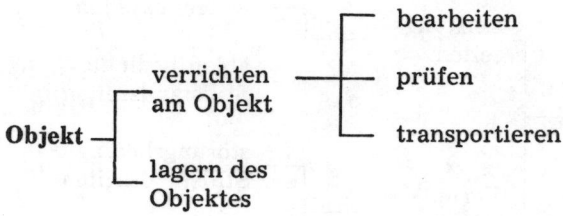

Beispiele:

Zeiten im Zusammenhang mit dem **Aufgabenträger**

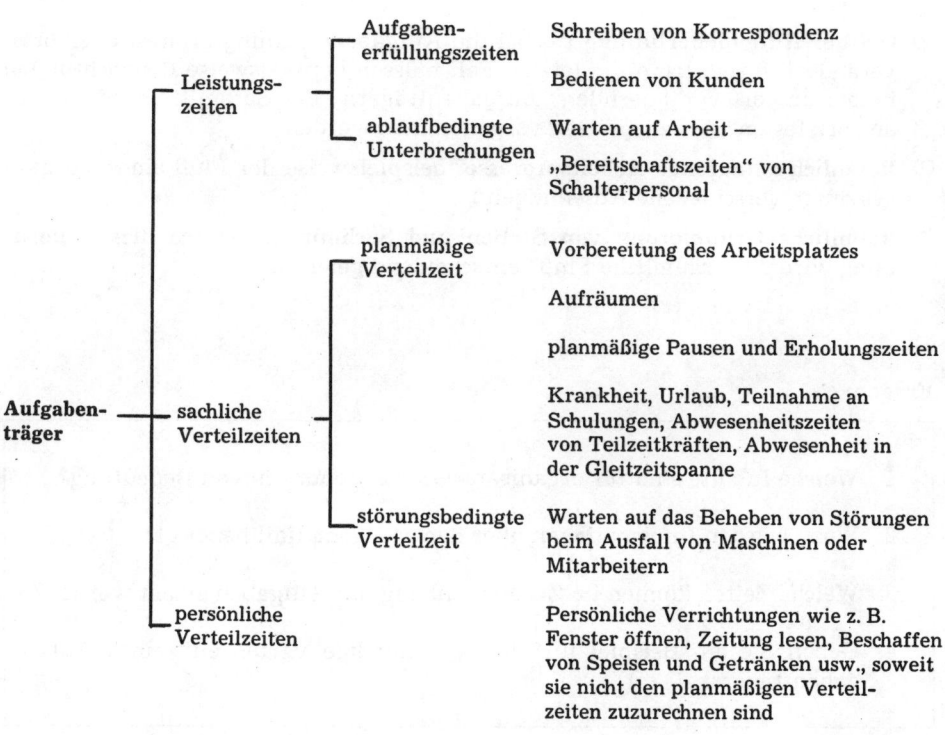

Zeiten im Zusammenhang mit den **Sachmitteln**

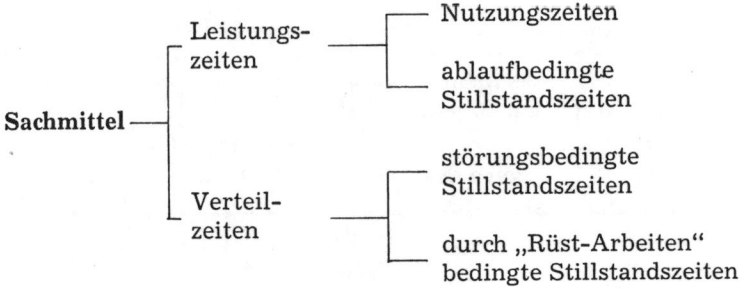

3. Raum

Räumliche Gegebenheiten spielen organisatorisch vor allem in dreierlei Hinsicht eine Rolle

① **Ort der Aufgabenerfüllung** (wobei die Aufgabenerfüllung ortsfest oder ortsveränderlich sein kann. Im letzten Fall müssen beispielsweise Beobachtungen immer an „ortsverändernden" Aufgabenträgern oder Sachmitteln, nicht aber an „ortsfesten" Arbeitsplätzen vorgenommen werden.)

② **Räumlich ablaufende Arbeitsprozesse** (beispielsweise der Fluß eines Vorganges durch verschiedene Abteilungen.)

③ **Räumliche Gruppierung von Stellen und Sachmitteln.** Durch diese Zuordnung wird der „räumliche Fluß" entscheidend gelenkt.

Fragen:

1. Welche Inhalte sind für organisatorische Erhebungen von Bedeutung?

2. Wozu werden Informationen über den Mengenanfall benötigt?

3. Welche Zeiten können im Zusammenhang mit Aufgaben erfaßt werden?

4. Geben Sie ein Beispiel für eine „planmäßige Verteilzeit" eines Aufgabenträgers.

B. Erhebungstechniken

I. Interview (mündliche Befragung)

Lernziele:

Sie sollen nach dem Studium dieses Abschnitts in der Lage sein,

— die Rolle des Befragten im Interview realistisch einzuschätzen,

— die organisatorischen Rahmenbedingungen des Interviews festzulegen,

— unterschiedliche Interviewformen zu kennen und den Erhebungssachverhalten entsprechend einzusetzen,

— Interviewintensitäten zu kennen und deren Anwendbarkeit beurteilen zu können,

— ein Interview logisch einwandfrei aufzubauen.

1. Beziehungen im Interview

Ein Interview ist eine besondere Gesprächssituation, die sich durch eine mehr oder weniger ausgeprägte **Gesprächslenkung** durch den Interviewer (Organisator) auszeichnet. Die Beziehung ist insofern ungleichgewichtig, als der Befragte gelenkt wird und den größten Teil des Gespräches bestreiten muß. Instrument der Lenkung ist die **Frage.**

Diese ungleichgewichtige Beziehung zwischen Frager und Befragtem, insbesondere aber auch die ausgeprägte Verunsicherung des Befragten, die sich aus der subjektiv empfundenen Gefahr ergibt, durch organisatorische Maßnahmen schlechter gestellt zu werden oder den zukünftigen Anforderungen nicht mehr gewachsen zu sein, führt fast in allen Fällen zu einer starken **psychologischen Belastung** des Befragten. Mögliche Konsequenzen dieser Belastung sind Manipulationen, die der Betroffene — teilweise bewußt, zum größeren Teil jedoch vermutlich unbewußt — verwendet, um sich gegen mögliche nachteilige Auswirkungen zu schützen. Diese psychologische Belastung kann durch den Interviewer in zwei Richtungen abgebaut werden. Einmal kann er durch offene Informationen versuchen, auf rationalem Wege unberechtigte Befürchtungen zu entkräften bzw. durch ungeschminkte Aussagen Spekulationen den Boden zu entziehen. Daneben kann er jedoch auch auf der emotionalen Ebene tätig werden und versuchen, durch eine zwischenmenschlich angenehme Beziehung ein positives Gesprächsklima zu schaffen, d. h. ein Sympathiefeld aufzubauen. Das dadurch gewonnene Vertrauensverhältnis läßt mehr Auskunftsbereitschaft — quantitativ wie qualitativ — erwarten. Allerdings muß beachtet werden, daß nur „lautere" Maßnahmen ergriffen werden dürfen, um das Gesprächsklima zu beeinflussen. Entscheidend ist, die Gesprächssituation zu entkrampfen und weitgehend angstfrei zu machen. Der Aufbau persönlicher freundschaftlicher Bindungen ist wegen der damit entstehenden Erwartungshaltung beim Befragten („der tut mir schon nichts") nicht wünschenswert. Daneben entsteht die Gefahr, daß der Befragte zur Sicherung des positiven Klimas so antwortet, wie er meint, daß es der Interviewer erwarte. Das kann zu einseitigen Manipulationen führen. Berücksichtigt der Organisator bereits in der Erhebungsphase — und speziell im Interview — die psychische Situation des Befragten, so erleichtert er sich die nachfolgenden Etappen der Organisationsarbeit. Vor allem kann der Vorwurf, technokratisch zu denken und den Menschen nicht genügend zu berücksichtigen, entkräftet werden.

2. Technische Hinweise

a) Interviewort

Das Interview soll grundsätzlich **in der vertrauten Umgebung des Befragten** stattfinden. Hier sind die Bremsen am ehesten zu lösen. Häufig möchte der Befragte auch auf praktische Beispiele, Formulare, Berichte u. ä. zurückgreifen, die an seinem Arbeitsplatz verfügbar sind. Diese Unterlagen erleichtern dem Erheber die Arbeit und geben dem Befragten gleichzeitig einen Rückhalt, da er seine Aussagen so „beweisen" kann. Das Interview am Arbeitsplatz hat darüber hinausgehend den Vorteil, zusätzlich beobachtend erheben zu können. Besucher- und Telefonhäufigkeiten, Arbeitsstil und Sachmittel, besondere Bedingungen des Arbeitsplatzes und manches mehr kann ermittelt werden, ohne sich auf Auskünfte und Auskunftsbereitschaft verlassen zu müssen.

Hat der Befragte seinen Arbeitsplatz in einem Zwei- oder Mehrpersonenzimmer, sollte das Interview in einem Besprechungszimmer stattfinden, da die Anwesenheit von Kollegen die Auskunftsbereitschaft einschränken oder in eine bestimmte Richtung lenken dürfte. Einzelzimmer wie Großraumbüros sind für Interviews am Arbeitsplatz grundsätzlich geeignet.

b) Interviewpartner

In der praktischen Organisationsarbeit kann die Interviewtätigkeit nur selten einem Nicht-Fachmann überlassen werden. Meistens ist es nicht möglich, nach einem festgefügten Schema vorzugehen. Der Interviewer muß Fragen selbst formulieren können und damit sowohl in der Interviewtechnik geschult als auch mit organisatorischen Problemen vertraut sein.

Handelt es sich um Fragenkreise, die nicht ausschließlich nur von einem konkreten Stelleninhaber beantwortet werden können, kann es sinnvoll sein, zwei, maximal drei Auskunftspersonen gemeinsam zu befragen. Wird nur eine Person befragt, so können sich Nachteile ergeben. Die soziale Beziehung zwischen Interviewer und Befragtem kann dazu führen, daß bewußt tendenziöse Auskünfte gegeben werden, daß das Bild eindeutig zum eigenen Vorteil überzeichnet wird, vielleicht auch, daß der Interviewer auf bestimmte Personen besonders provozierend wirkt und daraus die Antworten beeinflußt werden. Bei zwei Auskunftspersonen wirkt für den einen normalerweise bereits die Anwesenheit des jeweils anderen als Regulativ. Es sinkt die Neigung, stark zu überzeichnen. Die Gesprächssituation regt an, wenn einmal das Interview ins Stocken kommt, ein Faden verlorengegangen oder eine Information entfallen ist.

Mehr als zwei Auskunftspersonen zu gleicher Zeit zu befragen, führt häufig dazu, daß sich Diskussionen entwickeln, Meinungsverschiedenheiten ausgetragen werden, vielleicht auch zu vorsichtige Antworten gegeben werden. Die Befragten entwickeln sich leicht als selbsttragende Gruppe.

Wenn heikle, problematische Themen angesprochen werden sollen bzw. wenn für den Befragten viel auf dem Spiel steht, ist auf jeden Fall ein **Gespräch unter vier Augen** anzuraten. Wenn überhaupt, kann nur so ein vertrauensvolles Klima entstehen.

Grundsätzlich sollte ein Interview **nur von einem Interviewer** geführt werden. Interviews mit zwei Fragern arten leicht zu einem Verhör aus. Jeder der Interviewer versucht durch eine schnelle Fragenfolge seinen Wissensdurst zu befriedigen. Der jeweils wartende Interviewer stößt in die Gesprächspausen, wodurch die Fragegeschwindigkeit weiter forciert wird.

c) Dokumentation im Interview

Der Erheber muß, in realistischer Einschätzung seiner Speicherfähigkeit in allen Interviews, in denen er viele für ihn neue Informationen erhält, bereits während des Interviews **Aufzeichnungen** anfertigen. Bei längeren Sitzungen werden u. U. derartig viele Punkte angesprochen, daß eine vollständige Wiedergabe nach dem Interviewende schwierig oder gar unmöglich ist. Je nach Thema und Befragungsform kann sogar eine vollständige Dokumentation notwendig sein. Soll etwa ein Arbeitsablauf erhoben werden, muß jeder einzelne Prozeßschritt verbal oder bildlich festgehalten und vom Gesprächspartner bestätigt werden, da eine Rekonstruktion durch den Erheber allein so gut wie unmöglich sein dürfte. Normalerweise geht der Erheber mit einer vorbereiteten Liste anzusprechender Punkte in das Gespräch. Dann reicht es zumeist aus, stichwortartig, ohne den Gesprächsfluß zu bremsen, die Aussagen zu notieren.

Wie bereits erwähnt, arten Interviews zu zweit nahezu automatisch in ein Verhör aus. Auf Grund dieser Einsicht wird gelegentlich empfohlen, einen Erheber interviewen und den anderen dokumentieren zu lassen. Dieses Vorgehen ist bei rein sachbezogenen Interviews ohne emotionales Engagement des Befragten durchaus möglich. In allen anderen Fällen kommt es jedoch zu einem „Streifenwagen-Effekt" nach dem Motto „die Erheber kommen zu zweit, damit nachher der eine die Aussage des anderen bestätigen kann". Als Folge wird der Befragte sehr vorsichtig taktieren und formulieren, eine verständliche Haltung, die jedoch für das Interviewergebnis nachteilig ist.

Die gleiche nachteilige Wirkung ergibt sich bei jeder Art technischer Aufzeichnung etwa durch ein Tonbandgerät. Selbst wenn der Befragte vorgibt, nichts gegen eine Aufzeichnung einzuwenden zu haben, wird er doch weniger offen sprechen und u. U. dem Erheber wichtige Aussagen vorenthalten.

Interviewserien sind auf jeden Fall so zu planen, daß zwischen den einzelnen Interviews ausreichend Zeit für ein gründliches **Gesprächsprotokoll** bleibt. Dieses Protokoll sollte auf keinen Fall am Ende einer Folge von mehreren Interviews ausgearbeitet werden. Zuviel vermischt sich in weiteren Gesprächen, so daß später angefertigte Protokolle weniger präzise und stimmungsgetreu sein werden.

Im Sinne einer offenen und vertrauensvollen Zusammenarbeit zwischen Organisator und Betroffenem hat es sich in vielen Fällen bewährt, das **Interviewprotokoll** dem Befragten **zur Einsichtnahme vorzulegen.** Sollten schwerwiegende Mißverständnisse aufgetreten sein, können sie korrigiert werden. Auf sprachliche Änderungswünsche sollte sich der Organisator jedoch nicht einlassen, da das zu einer Flut zusätzlicher, rein redaktioneller Sitzungen führen kann.

d) Interviewzeit

Der begrenzten Konzentrationsfähigkeit der Menschen sollte auf zweierlei Art und Weise Rechnung getragen werden. Interviews sollten in Zeiträumen stattfinden, in denen die meisten Menschen ihre Leistungsspitzen haben, d. h. von Arbeitsbeginn bis etwa 11.00 Uhr und von 15.00 Uhr bis Arbeitsschluß. Darüber hinaus sollten Interviews im Normalfall nicht länger als 30 Minuten dauern. Bei länger dauernden Interviews sollte der Erheber ganz bewußt Erholungsphasen einschieben, die der Regeneration der Beteiligten dienen (siehe dazu weiter unten „Interview-Intensitäten").

3. Interviewformen

Es gibt verschiedene Möglichkeiten, die Gesprächssituation zu gestalten. Man kann folgende Formen unterscheiden:

— das standardisierte Interview,

— das halbstandardisierte und

— das nicht-standardisierte Interview.

Beim **standardisierten Interview** liegt ein Fragebogen vor. Der Interviewer liest die Fragen in der vorgegebenen Reihenfolge und mit gleichem Wortlaut vor. Die Antwortmöglichkeiten sind ganz oder teilweise im voraus festgelegt. Einem solchen Vorgehen liegen zwei Annahmen zugrunde:

— das Vokabular und die Formulierungen sind für alle Befragten gleich,

— die Bedeutung jeder Frage ist für jeden Befragten identisch.

Diese Annahmen treffen häufig nicht zu. Insbesondere sind organisatorisch relevante Tatbestände für den Laien meist erklärungsbedürftig — sie müssen übersetzt werden in die Sprache des Befragten. Auf unteren Ebenen wird die Frage „zu wem sollen Sie gehen, wenn Sie fachliche Probleme haben" leichter Aufschluß geben über vorhandene Kommunikationsbeziehungen als die Frage „wem gegenüber besitzen Sie ein Informationsrecht", die dem Selbstbewußtsein und Selbstwertgefühl höherer hierarchischer Ebenen wiederum besser angemessen sein dürfte.

Vielfach entdeckt der Interviewer bei der Befragung, daß in dem speziellen Fall ganz besondere Bedingungen vorliegen, die organisatorisch äußerst bedeutsam sind. Sein „Korsett" verhindert beim standardisierten Interview, auf diese Probleme einzugehen. Häufig ist es bei organisatorischen Vorhaben auch nicht sinnvoll, alle Betroffenen mit den gleichen Fragen zu traktieren. In verschiedenen Bereichen, auf verschiedenen Ebenen interessieren oftmals sehr unterschiedliche Informationen, die gar nicht auf einen Nenner gebracht werden können.

Dem **halbstandardisierten Interview** liegt ein flexibel aufgebautes Fragenschema zugrunde. Der Interviewer geht nach eigenem Gutdünken mit eigenen Formulierungen die Fragen durch. Er hält sich nicht an eine fest vorgegebene Reihenfolge, sondern macht die Reihenfolge von der Auskunftsbereitschaft des Interviewpartners abhängig.

Diesem Vorgehen liegen folgende Annahmen zugrunde:

— Soll die Bedeutung einer Frage für alle gleich sein, muß die Frage in solchen Worten formuliert werden, mit denen der Befragte vertraut ist.

— Die beste Reihenfolge hängt von dem jeweiligen Gesprächsverlauf ab. Man sollte niemanden verärgern, indem man abwinkt, wenn er etwa erzählen will, um dann vielleicht später genau das Problem noch einmal neu anzusprechen. Das kostet Zeit und Konzentration, während vorher diese Frage zwanglos beantwortet wäre.

— Die Interviewer sind in der Lage, auch wirklich gleiche Bedeutungsinhalte· bei den Befragten anzusprechen, d. h. über unterschiedliche Formulierungen von der Sache her von jedem das gleiche zu erfahren.

Wird die Form des **nicht-standardisierten Interviews** gewählt, hat der Frager nur einen Interviewleitfaden vorliegen. Dieser Leitfaden beinhaltet Stichpunkte, die mehr als Merkhilfen gedacht sind, um keine wichtige Frage zu vergessen. Sowohl die Formulierung wie auch die Reihenfolge sind in das freie Ermessen des Interviewers gestellt. Er entscheidet, ob er alle Fragen stellt, ob sich einiges erübrigt, ob er zusätzliche Fragen aufnimmt, weil Gesichtspunkte auftauchen, an die zuvor niemand gedacht hatte.

Interviewformen

Merkmale	standardisiertes Interview	halbstandardisiertes Interview	nicht-standardisiertes Interview
Anzahl der Fragen	feststehend	im Kern feststehend freier Bereich	frei (stichwortartiger Interview-Leitfaden)
Inhalt der Fragen	feststehend	im Kern feststehend	weitgehend frei
Formulierung	feststehend	teils feststehend — teils frei	frei
Reihenfolge	feststehend	Grundgerüst steht fest	frei
Antwortmöglichkeiten	meist feststehend	meist feststehend	meist frei
Anwendung			
Inhalte	quantitative, bekannte Dimensionen	quantitative und qualitative, weitgehend bekannte Dimensionen	qualitative, weitgehend unbekannte Dimensionen
	Erhebung von Vorhandenem rein rationale Ebene	Erhebung von Vorhandenem vorwiegend rationale Ebene	Gewinnung neuer Aspekte weitgehend emotionale Ebene
Kreis der Befragten	homogen untere Ebenen	weitgehend homogen untere u. mittlere Ebenen	heterogen mittlere u. obere Ebenen
Terminologie	einheitlich	weitgehend einheitlich	uneinheitlich (nicht notwendig)
Kenntnisse der Interviewer über			
— Interviewtechniken	gering	mittel bis hoch	hoch
— Gegenstand des Interviews	gering	mittel bis hoch	hoch
Zusammenhang mit anderen Erhebungsverfahren	entspricht weitgehend Fragebogen	entspricht teilweise Fragebogen	mögliche Vorstufe zu Fragebogen

Tabelle 1: Interviewformen

4. Interviewintensitäten

Weiter können Gesprächssituationen unterschiedlich gestaltet werden nach dem Merkmal der Beziehung des Interviewers zum Befragten. Nach diesem Kriterium lassen sich wiederum drei Arten der Beziehungen unterscheiden

— das weiche Interview,
— das harte Interview,
— das neutrale Interview.

Bei der Form des **weichen Interviews** enthält sich der Interviewer jeglicher Unterbrechungen. Er ermutigt den Befragten, Auskünfte zu geben, hilft etwas nach durch unverbindliche, keineswegs suggestive Fragen. Aufmerksames Zuhören und die Herstellung einer angenehmen Gesprächsatmosphäre gehören zu dieser Interviewform, die sich für Erhebungen des Organisators schon deswegen weniger gut eignet, weil von der Art der persönlichen Beziehungen zwischen Interviewer und Befragtem erheblich die Auskünfte, zumindest aber die Färbung der Antworten abhängen. In der einleitenden Phase, die dazu dienen soll, eine entkrampfte Gesprächsatmosphäre zu bewirken, ist das weiche Interview jedoch sehr geeignet. Ebenso zum Ende des Interviews. Außerdem kann durch weiche Phasen die geistige Regeneration gefördert werden, mit dem Ziel, lange Interviews bei hoher Konzentration durchzuführen.

Das **harte Interview** zeichnet sich aus durch schnelle, suggestiv herausgeschossene, u. U. auch provozierende Fragen. Die Auskunftsperson wird unter ständigen Druck gesetzt, um ihr kaum Chancen zum Nachdenken zu lassen. Die schnelle Folge der Fragen verhindert, daß die einzelne Antwort auf ihre Verträglichkeit mit früheren Antworten geprüft wird. Unrichtigkeiten und Denkfehler werden so am besten erkannt. Diese Interviewform wird auch als „Verhör" bezeichnet. Abgeschwächte Formen des harten Interviews mögen gelegentlich auch für den Organisator von Nutzen sein. Insbesondere wenn offensichtlich „gemauert" wird, können aggressive-provokative Fragen oder Feststellungen dazu beitragen, den Interviewpartner aus der Reserve zu locken.

Die übliche und geeignete Form der Beziehung zwischen Interviewer und Befragtem wird normalerweise im **neutralen Interview** hergestellt, wenn es um organisatorische Sachverhalte geht. Gefühle werden ausgeschaltet. Zwischen dem Interviewer und seinem Partner entsteht eine versachlichte Beziehung. Der Frager versucht dadurch bewußt, Färbungen der Antworten zu vermeiden, die sich auf Zuneigung, Abneigung, Gefallenwollen usw. zurückführen lassen. Der Frager versucht, seinen eigenen Standpunkt zu verbergen und läßt sich auch nicht darauf ein, wenn der Befragte von ihm Zustimmung erheischen will. Diese neutrale Form des Interviews zielt auf rationale Argumente, unbeschönigte Auskünfte und klare Antworten. Diese sachliche Beziehung sollte nur in den Fällen durch die spannungsgeladene Form des harten Interviews ersetzt werden, wenn offensichtlich falsche Informationen gegeben werden oder wenn es auf anderen Wegen nicht gelingt, die Auskunftsbereitschaft zu wecken.

Beziehung zum Befragten

Merkmale	weich	neutral	hart
Auftreten	freundlich, zuvorkommend, hilfsbereit, nachgiebig	freundlich, höflich zurückhaltend	provokativ aggressiv
Orientierung	mensch- und sachorientiert	sachorientiert emotional	sachorientiert, nach außen emotional
Eingriffe	vermeiden	nur wenn sachlich begründet	permanent auch zur Provokation und Irreführung
Offenlegung des eigenen Standpunktes	zulässig zur Ermunterung	nicht zulässig	Mittel um Gegenposition zu beziehen
Steuerung der Antworten	in Grenzen zulässig	unzulässig	Mittel um gewünschte Reaktionen zu provozieren
Zeitlicher Ablauf	kein Zeitdruck	vorgegebener Zeitrahmen	permanenter Zeitdruck
Anwendung	Vorgehen zur Lockerung der Gesprächsatmosphäre	Normalfall um — sachliche Beziehungen herstellen,	Ausnahmefall Information durch Aggression und Provokation
	Kontaktgewinnung	— rationale Argumente,	wenn erhebliche Widerstände vorliegen
	positive Ausstimmung nach neutralem und hartem Interview	— unbeschönigte Auskünfte, — klare Antworten zu erhalten	Gefahren — völlige Verweigerung — Kontakt zerstört — Verwirrung

Tabelle 2: Interviewintensitäten

5. Interviewphasen

Interviews sollten grundsätzlich in drei Phasen ablaufen (vgl. dazu auch die Ausführungen zu der Interviewintensitäten):

— Einleitungsphase,

— sachliche Erhebungsphase,

— Ausklangphase.

Die **Einleitungsphase** dient zwei Zielen. Zum einen und ganz zu Beginn gibt der Interviewer den Auftrag und die Zielsetzung der Untersuchung bekannt. Auch wenn eine Vorabinformation erfolgt ist, empfiehlt sich eine Wiederholung. Zum zweiten, und das ist der wesentlich wichtigere Teil der Einleitung, sollte bewußt versucht werden, die Gesprächsatmosphäre aufzulockern, etwa durch persönliche Hinweise oder aktuelle Themen, d. h. nicht zur eigentlichen Untersuchung ge-

14

hörende Bemerkungen. Dieser Gesprächsabschnitt verlangt viel Geschick und Einfühlungsvermögen, damit er nicht mit der Bemerkung abgeschlossen wird „Aber deswegen sind Sie doch nicht hier? Wollen Sie nicht zum Thema kommen?". Der Interviewanfänger befürchtet immer wieder, durch diesen Vorlauf zu viel Zeit zu verlieren. Es drängt ihn, in die Sachfragen einzusteigen. Erfahrene Interviewer — wie auch Verhandlungspartner — bestätigen jedoch, daß dieser ungemein wichtige Vorlauf leicht wieder aufgeholt wird, wenn es gelingt, zwischen den Partnern eine positive Einstellung herbeizuführen.

Die **sachliche Erhebungsphase** gliedert sich wie folgt:

Sammlung allgemeiner Informationen,

Probleme bzw. Ziele,

Problemursachen,

Lösungsansätze,

Bewertung der Lösungsansätze,

Zusammenfassung.

Die *Sammlung allgemeiner Informationen* dient einmal dazu, nach der Einleitungsphase nicht zu abrupt in Einzelfragen einzusteigen. Noch wichtiger ist jedoch, daß Probleme, Ursachen und Lösungen für den Interviewer überhaupt erst verständlich werden, wenn er deren Hintergrund kennt. Ein Beispiel für eine allgemeine Frage wäre etwa: „Was sind Ihre Aufgaben?", „Wie läuft die Arbeit bei Ihnen ab?". Derartige Fragen sind für den Interviewten „subjektiv" leicht und helfen, die Anfangsspannungen zu überwinden.

Als nächster Schritt sind die *Probleme* zu erfragen, es sei denn, sie liegen offen auf der Hand. Hier ist zu beachten, daß sich der Interviewer die Probleme aus der Sicht des Befragten nennen läßt. Es gibt viele Beispiele, in denen Organisatoren glaubten, die Probleme zu kennen, die Beteiligten die Probleme jedoch ganz woanders sahen. Die Suche nach Problemen belastet leicht ein Interview, weil der Befragte sich „mitverantwortlich" oder „angeklagt" fühlt. Aus diesem Grund hat sich ein zielorientiertes Vorgehen bewährt: Es wird nicht nach Problemen, sondern nach *Verbesserungsmöglichkeiten* oder *Zielen* gefragt. Dadurch wird der Befragte subjektiv entlastet.

Die Fragen nach *Problemursachen* folgen logisch als nächster Block im Interview. Nur wenn die Ursachen bekannt sind, können Wege zu deren Beseitigung gesucht werden.

Sehr häufig haben sich die Betroffenen selbst schon Gedanken gemacht, wie ein bestehendes Problem gelöst werden könnte. Deswegen sind im Interview auf jeden Fall *Lösungsansätze* zu erfragen. So kann den Betroffenen das Gefühl vermittelt werden, selbst entscheidend die Lösungen beeinflußt zu haben, was sich in der Einführung als wesentliche Erleichterung herausstellen wird. Soweit aus übergeordneten Gesichtspunkten die Vorschläge des Befragten nicht berücksichtigt werden können, muß der Organisator dieses auf jeden Fall vor der Einführung begründen. Werden die Betroffenen hier allein gelassen und mit „fremden"

Lösungen konfrontiert, sind Frustrationen die unausweichliche Folge (Die wissen ja doch alles „besser". „Der Prophet gilt nichts im eigenen Land". „Denen werde ich noch mal einen Tip geben!".)

Falls die Zeit es zuläßt, sollte der Befragte gebeten werden, sich selbst zu den Vor- und Nachteilen seiner Vorschläge zu äußern. Diese *Bewertung* darf auf keinen Fall durch den Interviewer vorgenommen werden. Hier ist die Technik des „advocatus diaboli" unangebracht, da der Befragte das meistens als Besserwisserei empfindet. Wie in allen Gesprächsabschnitten gilt, daß der Interviewer fragt und sich eigener Stellungnahmen — selbst wenn er darum gebeten wird — enthält.

Nach jeder Etappe der sachlichen Erhebungsphase sollte der Interviewer *zusammenfassen*. Das dient zur Überprüfung, ob alles richtig verstanden wurde, zur Vervollständigung der Notizen und zur Strukturierung des Interviews. Ob zum Schluß eine Gesamt-Zusammenfassung versucht wird, hängt vom Umfang des Themas und von der „Wiederholbarkeit" ab.

In der **Ausklangphase** soll erneut versucht werden, eine positive Atmosphäre auf- oder auszubauen, da in vielen Fällen weitere Gespräche notwendig werden bzw. im Projektfortschritt sich weitere Kontakte ergeben.

Fragen:

---

5. Kennzeichnen Sie die stimmungsmäßige Lage des Befragten im Interview.

6. Wie kann die Verunsicherung des Befragten abgebaut werden?

7. Wo sollten Interviews grundsätzlich durchgeführt werden?

8. Was spricht gegen ein Interview durch zwei Erheber?

9. Wie kann ein Interview dokumentiert werden?

10. Nennen Sie die Anwendungsvoraussetzungen eines standardisierten Interviews.

11. Kennzeichnen Sie eine „weiche" und eine „harte" Interviewführung.

12. In welche Phasen gliedert sich ein Interview?

13. Warum sind zu Beginn der neutralen Phase allgemeine Informationen zu sammeln?

14. Was ist im Abschnitt „Bewertung" vom Interviewer besonders zu beachten?

---

6. Technik der Frage

Lernziele:

Sie sollen nach dem Studium dieses Abschnittes

— verschiedene Frage-Typen kennen,
— die Wirkungen verschiedener Frage-Typen beurteilen können und
— Grundsätze der Fragestellung kennen.

Fragen lassen sich auf sehr unterschiedliche Art und Weise stellen. Sie können beispielsweise dem Befragten einen weiten Spielraum belassen oder ihn in der Wahl der Antwortmöglichkeiten einengen. Sie können ihn zu objektiven Aussagen ermuntern oder eine Erwartungshaltung des Interviewers erkennen lassen. Sie können kurz, eindeutig und leicht verständlich oder lang, mehrdeutig und vielschichtig sein. So gesehen gibt es keine richtigen oder falschen Fragen, sondern nur zweckmäßige und unzweckmäßige Fragen, je nach der Zielsetzung des Erhebers und nach der jeweiligen Situation.

In der nachfolgenden Aufstellung werden Frage-Typen charakterisiert und auf ihre Wirkung untersucht.

a) Frage-Typen

Frage-Typen	Kennzeichnung	Beispiel	Wirkung/Einsatz
aufschließende Frage	skizziert Thema	Welche Probleme sehen Sie hier?	öffnet das Interview
abschließende Frage	beendet Gesprächsabschnitt	Können Sie mir noch einmal die wichtigsten Punkte nennen?	strukturiert das Gespräch
allgemeine Frage	breite Antwortmöglichkeit	Was sind Ihre Aufgaben?	weckt Auskunftsbereitschaft macht Gesprächspartner sicher vorzugsweise Einsatz zu Beginn eines Gesprächs
konkrete Frage	enge Antwortmöglichkeit	Was ist der nächste Bearbeitungsschritt?	strafft, bremst Vielredner

Frage-Typen	Kennzeichnung	Beispiel	Wirkung/Einsatz
offene Frage	W-Fragen (wie, warum, wodurch)	Wie machen Sie das?	weckt Auskunftsbereitschaft gibt Frager Zeit zum Nachdenken
geschlossene Frage	Antwort: „Ja", „Nein"	Kennen Sie den Ablauf?	Beschleunigung des Interviews zur Bestätigung/Verständnisprüfung erleichtert die Auswertung hilft Verweigerern
direkte Frage	Thema wird unmittelbar angesprochen	Wie machen Sie das?	Einbeziehung Äußerungen ohne Umschweife
indirekte Frage	Umweg zum Thema	Wie denkt man in Ihrem Hause über . . . ?	gibt Ausweichmöglichkeiten stellt nicht bloß, speziell bei heiklen Themen
Suggestivfrage	fordert bestimmte Antwort heraus	Sie sind doch auch der Meinung . . . ? Gehe ich richtig in der Annahme . . . ?	Manipulation, Bevormundung, Wiederholung
„ehrliche" Frage	keine Herausforderung bebestimmter Antwort	Wie stehen Sie dazu?	läßt Befragtem Freiheit fördert das Mitdenken
Meinungsfrage	nach Einstellung des Befragten	Wie sehen Sie das?	oft Vorstufe zur Verhaltensfrage läßt erkennen, ob Verhaltensfrage „zumutbar" ist
Verhaltensfrage	nach tatsächlichem Verhalten	Und wie machen Sie das?	engt ein zwingt dazu, die „Fahne zu zeigen"
kluge Frage	Frager will eigenes Wissen demonstrieren	Welche Determinanten sozialer Strukturen — die ja bei XYZ detailliert diskutiert werden — halten Sie denn für praktisch relevant?	Selbstdarstellung des Fragers blenden meist Abwehrreaktion beim Befragten
Gegenfrage	statt einer Antwort	Was würden Sie denn da machen?	ausweichendes Verhalten meist Zeichen von Unsicherheit oder Unschlüssigkeit legitimes Mittel des Fragers, um Interviewcharakter zu erhalten
rhetorische Frage	erwartet keine Antwort	Ja, was sollen wir da tun? Ich meine . . .	Vorspann zu eigenen Äußerungen erweckt nicht mal den Anschein einer Frage

Tabelle 3: Frage-Typen

b) „Grundsätze" der Fragestellung

Bei den eben erwähnten Frage-Typen wurde bereits auf Wirkung und Einsatz-möglichkeiten hingewiesen. Daraus lassen sich bereits einige Regeln oder Grundsätze der Fragestellung ableiten. Darüber hinaus sind folgende „Grundsätze" zu beachten.

- Mit allgemeinen Fragen sollte die Auskunftsbereitschaft geweckt werden.

- Einleitende Fragen am besten mit Beispiel. So können innere Widerstände abgebaut werden.

- Die Frage sollte kurz sein. Von der Kürze der Frage hängt insbesondere die Präzision der Antwort ab. Lange Fragen verführen zu langen, ausschweifenden Antworten. Dabei steigt die Gefahr, daß Unwesentlichkeiten überbetont werden.

- Eine Frage sollte nicht mehrere Unterfragen enthalten. Dieser Grundsatz gilt insbesondere bei der mündlichen Befragung. Zu viele Unterfragen strapazieren das Gedächtnis. Oft wird nur eine der Unterfragen beantwortet (meist die letzte).

- Die Frage sollte in der Alltagssprache gehalten sein. Der Befragte verfügt im allgemeinen nicht über den speziellen Wortschatz des Fragers. Verunsicherung und unrichtige oder nichtssagende Antworten sind oft die Folge.

- Gefühlsbeladene Begriffe sollten vermieden werden. Wird etwa der Begriff Profit an Stelle von Gewinn gebraucht, so ruft das bei vielen Menschen eine negative Reaktion hervor. Werden wertbeladene Begriffe verwendet, so führt das zu verzerrten Ergebnissen.

- Das Erinnerungsvermögen an Vergangenes sollte nicht überstrapaziert werden. Es besteht die Gefahr der Verallgemeinerung von Einzelfällen, Verdrängung unangenehmer Einzelheiten usw.

- Alle Alternativen angeben oder gar keine. Werden nur einige Alternativen genannt, fällt beim Befragten häufig der Prüfvorgang weg, ob es nicht noch weitere Möglichkeiten gibt. Er versucht, die am besten passende Antwort zu identifizieren. Dadurch werden — ähnlich wie bei Ja/Nein-Antworten, falls Zwischenformen möglich sind — Antworten suggeriert, die bei offenen Fragen nicht gegeben worden wären. Bei mündlicher Befragung spielen Anzahl und Reihenfolge der Alternativen eine entscheidende Rolle. Bei vielen Alternativen besitzen die letzten eine weitaus größere Wahrscheinlichkeit genannt zu werden, weil das Erinnerungsvermögen an die erstgenannten Alternativen abnimmt und die letzten noch in den Ohren klingen. Wenn diese Gefahr auftreten sollte, empfehlen sich eher die offenen Fragen.

- Fragen sollten an konkrete Erfahrungen anknüpfen. Die meisten Menschen besitzen kein ausgeprägtes Abstraktionsvermögen. Beispiele und Tatbestände aus dem eigenen Erfahrungsbereich erhöhen die Verständlichkeit und damit auch die Auskunftsbereitschaft.

- Gefühlsbeladene oder wertende Fragen sollten erst gestellt werden, nachdem die Auskunftsbereitschaft geweckt ist. Allgemeine, sachliche Fragen sind an den Anfang zu stellen, um ein positives Klima zu schaffen. Insbesondere sollte das Prestige des Befragten nicht gefährdet werden. Indirekte Fragen bieten sich hier an.

● Die Reihenfolge der Fragen ist zu beachten. Von der Reihenfolge hängen u. U. die Antworten ganz erheblich ab. Wenn beispielsweise erst gefragt wird: „Haben Sie mitgewirkt, als das Formular gestaltet wurde?" und mit „Ja" geantwortet wird, dann fällt es dem Befragten normalerweise schwer, auf die anschließende Fragen „Finden Sie das Formular zweckmäßig" mit „Nein" zu antworten. Bei umgekehrter Reihenfolge und insbesondere dann, wenn einige andere Fragen dazwischengeschaltet werden, kann eher mit unverfälschten Auskünften gerechnet werden.

● Hast sollte vermieden werden. Schnell aufeinanderfolgende Fragen lassen dem Antwortenden kaum Zeit, sich zu besinnen. Die Antworten bewegen sich auf den vorgedachten Bahnen.

● Fragendes Schweigen. Diese Technik läßt sich mit Vorteil anwenden, wenn der Frager das Gefühl hat, daß die Auskunft noch nicht vollständig ist, daß Sonderfälle nicht berücksichtigt wurden oder daß der Partner offensichtlich noch irgend etwas zurückhält, das er vielleicht gerne loswerden möchte.

● An Mengenangaben herantasten. Da es häufig schwerfällt, durchschnittliche Bearbeitungszeiten oder den durchschnittlichen Arbeitsanfall zu schätzen, empfiehlt sich ein Umweg. Zuerst wird nach der kürzesten Zeit oder der geringsten Menge gefragt, dann nach der längsten Zeit oder der größten Menge. Dann wird geprüft, ob der rechnerische Mittelwert dem tatsächlichen Mittelwert entspricht. Dadurch, daß reelle Bezugsgrößen vorab geklärt werden, steigt die Wahrscheinlichkeit, daß die Schätzung sich der Realität annähert.

Neben diesen Grundsätzen der Fragestellung sind wie erwähnt weitere Punkte zu beachten, von denen der Erfolg des Interviews entscheidend abhängt. Der wohl stärkste Einfluß geht von der Vorbereitung des Interviews aus. Ein ausgewogener, ausgereifter Fragebogen beim standardisierten Interview und ein klarer Stichwortkatalog, durch den sichergestellt wird, daß beim nicht-standardisierten Interview keine wesentlichen Punkte übersehen werden, sind unerläßliche Vorarbeiten des Organisators. So lassen sich häufige Rückfragen vermeiden. Nur so wird der kürzeste Weg beschritten, um die bedeutsamen Informationen zu erheben.

Fragen:

15. Wovon hängt die Wahl des Frage-Typs ab?

16. Wie wirkt ein geschlossene Frage?

17. Welche Vorteile haben offene Fragen?

18. Nennen Sie einige Grundsätze der Fragestellung.

II. Fragebogen (schriftliche Befragung)

Lernziele:

Nach dem Studium dieses Abschnittes sollen Sie

— die Besonderheiten des Fragebogens gegenüber dem Interview erkennen,

— die Anwendungsvoraussetzungen von Fragebogen beherrschen,

— die Vorbereitung und Durchführung einer Fragebogenaktion bewerk-
stelligen können,

— Vor- und Nachteile der Arbeit mit Fragebogen im Vergleich zum Interview erkennen.

---

1. Besonderheiten des Fragebogens

Erhebungen durch Fragebogen sind dem standardisierten Interview ähnlich. In
diesem Zusammenhang wird auf die Ausführungen zum Punkt B I 3 hingewiesen. Es besteht jedoch ein wesentlicher Unterschied. Die Fragen werden nicht
vorgelesen, sondern schriftlich festgehalten und zugesandt. Da hier kein sach-
kundiger Interviewer zur Verfügung steht, muß eine Fragebogenaktion besonders sorgfältig vorbereitet werden.

Hinsichtlich der Fragetechnik sind einige Besonderheiten zu beachten. So stehen
geschlossene Fragen bzw. Fragen mit vorgegebenen Antwortmöglichkeiten eindeutig im Vordergrund, da durch diese Fragen die Auswertung der Fragebogen
erheblich erleichtert wird.

2. Anwendungsbedingungen

Fragebogen erweisen sich als besonders leistungsfähig, wenn folgende Bedingungen gegeben sind:

— Es handelt sich um quantitative Sachverhalte.

— Dem Erheber ist bekannt, was erhoben werden muß.

— Die zu erhebende Thematik betrifft gleichzeitig eine größere Anzahl von Mitarbeitern.

— Die Fragen sind nicht erklärungsbedürftig.

— Die Inhalte liegen weitgehend auf der rationalen Ebene; sie sind zumindest
nicht in jüngster Zeit emotional hochgespielt.

— Der Kreis der Befragten ist relativ gleichartig.

— Die Befragten sprechen alle in etwa die gleiche Sprache.

Wegen des noch zu erwähnenden relativ großen Vorbereitungsaufwandes — im Vergleich zum Interview — sind Fragebogenaktionen normalerweise erst ab einer Mindestzahl von 10—20 Befragten wirtschaftlich sinnvoll. Sind die Fragen unkompliziert und/oder sind die Befragten schwer erreichbar — z. B. wegen größerer räumlicher Distanzen —, kann die Schwelle niedriger liegen.

3. Durchführung einer Fragebogenaktion

In einem ersten Schritt ist der **Kreis der Befragten festzulegen.** Dabei ist — wie erwähnt — darauf zu achten, daß dieser Kreis in sich relativ homogen ist, zumindest, soweit es den Inhalt des Fragebogens betrifft. Ansonsten besteht die Gefahr, daß der Fragebogen durch Fragen und durch ausführliche Erläuterungen, die nur einige Auskunftspersonen betreffen, zu sehr aufgebläht wird.

Zur inhaltlichen Vorbereitung kann nur selten auf vorhandenes Material zurückgegriffen werden. Neben dem **Dokumentenstudium** sind deswegen meistens noch nicht-standardisierte **Interviews** zu führen. Mit ihrer Hilfe soll der Themenbereich abgesteckt werden. Es ist nicht sinnvoll, diese Vorbereitung am Schreibtisch vorzunehmen, da der Erheber von vornherein kaum erkennen kann, welche Informationen er zur Lösung eines Problems benötigt und bei den Auskunftspersonen auch erwarten kann.

Im Anschluß daran wird ein Fragebogen-**Entwurf** hergestellt. Dabei ist auf eindeutige Formulierungen ebenso zu achten wie auf standardisierte Antwortmöglichkeiten, um die Auswertung zu erleichtern. Werden präzise definierte Begriffe zugrundegelegt, die nicht allen geläufig sein könnten, oder sind beim Ausfüllen andere, nicht selbstverständliche Dinge zu beachten, müssen — möglichst im Fragebogen selbst — entsprechende **Ausfüll-Anleitungen** gegeben werden.

Um Fehler zu vermeiden, empfiehlt es sich, **Tests** vorauszuschicken. Sie dienen der Untersuchung, ob

— die Fragen richtig verstanden werden,

— die verwendeten Ausdrücke eindeutig sind oder an verschiedene Kreise von Befragten angepaßt werden müssen,

— die Alternativen klar, vollständig und sauber abgegrenzt sind,

— nicht bestimmte Antworten suggestiv herausgefordert werden,

— eingebaute Kontrollfragen richtig funktionieren,

— verwandte Hilfsmittel (Listen, Bilder usw.) richtig verstanden und angewendet werden.

Nach dem Test wird der Fragebogen **korrigiert, hergestellt** und an die Auskunftspersonen unter Angabe eines spätesten Rücksendetermins **verteilt.** Nach Ablauf der Frist wird der Rücklauf geprüft. Ausstehende Bogen werden **angemahnt.** Die **Auswertung** schließt sich an.

4. Technische Hinweise

Bei der Gestaltung und Versendung von Fragebogen sind einige technische Hinweise zu beachten, so z. B.

— übersichtliche Anordnung der Fragen und Antwortmöglichkeiten,

— optisch klare Trennung der Fragen,

— Normen beachten, so daß der Fragebogen mit der Schreibmaschine ausgefüllt werden kann (Zeilenabstände usw.),

— Gesichtspunkte der Datenerfassung beachten, wenn eine spätere EDV-Auswertung beabsichtigt ist,

— Rücksendeanschrift auf die erste Seite,

— Doppel für die Auskunftsperson beilegen,

— angemessenen Rücksendetermin setzen.

5. Fragebogen und Interview

a) Gegenüberstellung

Vorteile des Interviews

● Gewinnung vorher nicht bedachter, neuer Gesichtspunkte.

● Fragen können der Position, Bildung und Auskunftsbereitschaft des Befragten angepaßt werden — konkretisierte, auf das Notwendige beschränkte Fragen.

● Vorher nicht erkannte, aber nichtsdestoweniger bedeutsame Punkte können entdeckt und weiter verfolgt werden.

● Die Aussagen des Befragten können von einem erfahrenen Interviewer weitgehend aus dem Bild heraus interpretiert werden, das der Befragte hinterläßt.

● Die persönliche Anwesenheit des Interviewers am Arbeitsplatz des Befragten kann mit einer zusätzlichen Aufnahme verbunden werden (Anzahl der Anrufe, Unterbrechungen, angetragene Probleme usw.).

● Die Befragungssituation ist kontrollierbar. Andere Personen können keinen Einfluß nehmen, wie das beim Fragebogen häufig geschieht. Dort setzen sich Gruppen zusammen und füllen die Fragebogen in Gemeinschaftsarbeit aus. Die angesehensten Mitglieder der Gruppe bestimmen dann, wie die Fragen zu beantworten sind. Dabei werden selbstverständlich die Gruppeninteressen besonders berücksichtigt. Der wahre Ist-Zustand kann daraus nicht erkannt werden.

● Die direkte Befragung wirkt persönlicher. Gegenüber Fragebogen bestehen häufig starke emotionale Widerstände.

● Die Befragten haben weniger Hemmungen sich zu äußern. Die meisten Menschen haben eine Scheu, sich schriftlich zu äußern (gilt speziell für „offene" Fragen).

● Weniger Vorbereitungsaufwand.

● Das Interview kann zur Aufwertung des Befragten herangezogen werden. Falls dies gelingt, identifiziert sich der Befragte eher mit der Untersuchung.

Vorteile des Fragebogens

Vorteile des Fragebogens, die gleichzeitig Nachteile von Interviews sind:

● Schnellere Auskünfte. Nach zwei bis drei Tagen kann eine Aufnahme eines Zustandes zu einem Stichtag erfolgen. Interviews dauern zwischen 30 Minuten und mehreren Stunden. Die notwendigen Protokolle verschlingen ebenfalls erhebliche Zeit. Selbst bei mittleren Unternehmen zieht sich die Befragung häufig über Wochen hin. Werden mehrere Interviewer eingesetzt, steigen die Koordinationsprobleme. Im Laufe der Zeit der Erhebung ändern sich u. U. die aufgenommenen Daten, so daß kein Bild gewonnen wird, das einen Überblick über den Zustand des gesamten Untersuchungsbereiches zu einem bestimmten Zeitpunkt bietet.

● Billigere Auskünfte. Dieses Argument leitet sich aus dem geringeren Zeitaufwand speziell in der Auswertungsphase ab.

● Der Interviewer fällt als Fehlerquelle weg. Die möglichen Einflüsse auf die Antworten, die sich durch das Verhalten, die Frageform oder die Reihenfolge der Fragen ergeben können, werden ausgeschaltet.

● Abgewogenere Auskünfte; die Befragten haben genügend Zeit, sich Gedanken zu machen.

● Die Befragten können in Ruhe Informationen zusammentragen, z. B. Statistiken erstellen.

● Die Fragen können präziser formuliert werden.

● Es sind keine thematischen Abschweifungen möglich.

● Es kann — falls gewünscht — Anonymität hergestellt werden.

● Es ist leichter, Vielbeschäftigte — und damit häufig abwesende Mitarbeiter — zu erreichen.

● Es ist kein gesondertes Protokoll nötig.

● Die Auskunftsperson kann eine einmal gemachte Aussage später nicht mehr dementieren.

b) Kombinierte Anwendung

Wie aus der Gegenüberstellung der Vor- und Nachteile beider Verfahren hervorgeht, werden die Nachteile der einen Technik durch die Vorteile der jeweils anderen teilweise wieder aufgehoben. Ideal erscheint deswegen eine Kombination beider Verfahren. In der Aufnahme wird mit der Versendung von Fragebogen begonnen. Als Ergebnis liegt eine Darstellung des Zustandes zu einem bestimmten Zeitpunkt vor. Dieser im Fragebogen abgebildete Zustand wird systematisch untersucht. Normalerweise zeigen sich dann Unstimmigkeiten, Fragen tauchen auf und neue Probleme werden sichtbar. Andererseits liegen aber bereits umfangreiche Informationen über den Untersuchungsgegenstand vor. Um vorhandene Lücken aufzufüllen und Unklarheiten zu beseitigen, schließen sich an die Auswertung der Fragebogen Interviews an.

In diesen Interviews kann nun gleich auf das Wesentliche, auf die Besonderheiten sowie auf die offenen Punkte eingegangen werden, da der Interviewer sich an Hand der Fragebogen bereits ein umfassendes Bild gemacht hat. Die Beschränkung auf Besonderheiten bedeutet, daß die Interviewzeiten wesentlich verkürzt werden können.

Fragen:

19. Warum sind bei Fragebogen vorwiegend geschlossene Fragen zu verwenden?

20. Nennen Sie einige wichtige Anwendungsbedingungen für Fragebogen.

21. Ab wieviel Auskunftspersonen lohnt sich normalerweise der Einsatz von Fragebogen (mit Begründung)?

22. Nennen Sie die einzelnen Schritte, die im Rahmen einer Fragebogenaktion zu durchlaufen sind.

23. Welches sind die wichtigsten Vorteile des Fragebogens gegenüber dem nicht-standardisierten Interview?

III. Beobachtung

Lernziele:

Sie sollen nach dem Studium dieses Abschnittes in der Lage sein,

— verschiedene Beobachtungsformen zu unterscheiden,
— den Sinn einer Multimomentstudie zu verstehen,
— grundlegende Begriffe der Wahrscheinlichkeitstheorie zu kennen, soweit sie für das Verständnis der Multimomentstudie notwendig sind.

Beobachten umfaßt die optische Aufnahme und die Interpretation der beobachteten Vorgänge. Beobachtungsgegenstand sind sinnlich wahrnehmbare Tatbestände und Prozesse. Bei der Beobachtung fließt der Informationsstrom nur in einer Richtung, nämlich vom Beobachtungsgegenstand zum Beobachter. Die Beobachtung gibt Aufschluß über den wirklichen Ablauf der beobachteten Vorgänge. Sie ermöglicht jedoch keine Aussagen über Sinnzusammenhänge, auslösende Ursachen und Zielsetzungen. Deswegen ist die Beobachtung für verschiedene Fragestellungen ungeeignet, z. B. um die Aufbaustruktur einer Unternehmung zu erkennen.

Die Beobachtung gibt Auskunft über das wirkliche Verhalten, unabhängig von der Fähigkeit und der Bereitwilligkeit der beobachteten Person, Auskünfte zu geben. Das wirkliche Verhalten ist wiederum nicht eindeutig durch die Befragung zu ermitteln. Für die vollständige Erfassung von Vorgängen sind häufig beide Erhebungsformen notwendig.

1. Beobachtungsformen

Abhängig von dem Verhältnis zwischen Beobachtungsgegenstand und Beobachter und abhängig von der Vorgehensweise gibt es verschiedene Beobachtungsformen.

Bei der **offenen Beobachtung** tritt der Beobachter ausdrücklich als Untersuchender auf, d. h., die beobachteten Personen kennen mindestens den Zweck seiner Anwesenheit, ohne daß sie genau zu erfahren brauchen, welche Ziele mit der Beobachtung verfolgt werden. Die Information muß möglichst so gewählt werden, daß es nicht zu einer Verfälschung der Beobachtungssituation kommt. Bei der Beobachtung im Rahmen organisatorischer Untersuchungen empfiehlt sich eine Information über Ziel und Inhalt. Der Beobachter kann aktiv im beobachteten Bereich mitarbeiten (aktiv-teilnehmende Beobachtung) oder lediglich beobachten und aufzeichnen (passiv-teilnehmende Beobachtung).

Bei der **verdeckten Beobachtung** gibt der Untersuchende seine Identität als Beobachter nicht zu erkennen. Die Form dürfte für den Organisator praktisch bedeutungslos sein.

Abhängig von der Art des Vorgehens läßt sich die Beobachtung in die strukturierte und in die unstrukturierte Beobachtung aufteilen.

2. Strukturierte und unstrukturierte Beobachtung

Bei der **strukturierten Beobachtung** zeichnet der Beobachter seine Beobachtungen nach einem System von Beobachtungskategorien auf. Diese Beobachtungskategorien werden im voraus festgelegt. Dadurch wird später die Auswertung der erhobenen Daten ermöglicht. Außerdem wird eine einheitliche Erfassung beim Einsatz mehrerer Beobachter erreicht. Eine Sonderform der strukturierten Beobachtung ist die Multimomentstudie, die weiter unten behandelt wird.

Bei der **unstrukturierten Beobachtung** liegen nur grobe Hauptkategorien (allgemeine Richtlinien) als Rahmen vor. Innerhalb dieses Rahmens hat der Beobachter freien Spielraum für seine Beobachtungen. Begehungen, Film- und Fotoaufnahmen, deren zeitliche und räumliche Reihenfolge nicht vorab fest vorgegeben sind, fallen in diese Kategorie.

Ein typisches Beispiel für die unstrukturierte Beobachtung ist die sogenannte **Dauerbeobachtung.** Dabei hält sich der Beobachter über mehrere Tage hinweg kontinuierlich an den Arbeitsplätzen auf, die untersucht werden sollen. Aufgaben, Hilfsmittel, Störungen, Belege, Umwelteinflüsse und ähnliche Größen werden laufend festgehalten.

Der zeitliche Rahmen der Beobachtung hängt wesentlich von der Vielfalt der Beobachtungskategorien ab. Je mehr verschiedenartige Aufgaben oder Arbeitsabläufe beispielsweise vorkommen, desto länger ist die notwendige Zeit der Beobachtung. Normalerweise kann davon ausgegangen werden, daß eine Woche die Untergrenze darstellt, da bei kürzeren Beobachtungen ein möglicherweise verfälschender Einfluß, der vom Beobachter ausgehen kann, zu stark ist.

Die Dauerbeobachtung kann nur bei räumlich eng begrenzten Bereichen angewendet werden. Besonders vorteilhaft ist dieses Verfahren, wenn es um die Beurteilung der Auslastung von Aufgabenträgern, Fehlerquellen im Arbeitsablauf und um die Auswirkungen von Umwelteinflüssen geht. Nachteilig auf die Untersuchungsergebnisse wirken sich die Einflüsse aus, die von der Anwesenheit des Beobachters ausgehen, und der relativ große Zeitaufwand, der mit der Beobachtung verbunden ist. Unabdingbare Voraussetzung ist, daß der Beobachter etwas von den anfallenden Arbeiten und Arbeitsabläufen versteht, da er andernfalls zu leicht getäuscht werden kann und zu falschen Schlüssen kommt.

Ziel einer **Multimomentstudie** ist es, von einer begrenzten Anzahl beobachteter Fälle — einer Stichprobe — auf die Gesamtheit aller Ereignisse (die Grundgesamtheit) zu schließen. Man beobachtet den in Frage kommenden Sachverhalt in vielen Augenblicken (Multi-Moment). Werden bestimmte Regeln befolgt, kann unterstellt werden, daß die Stichprobe ein brauchbares Abbild der Grundgesamtheit liefert. Dieses Vorgehen ist aus Gründen der Zeit- und Kostenersparnis häufig günstiger als eine Dauerbeobachtung.

Das Multimomentverfahren tritt in zwei Formen auf. Am weitesten verbreitet ist das *Multimoment-Häufigkeitszählverfahren.* Dabei werden Vorkommnisse (Ereignisse) zu zufällig bestimmten Zeitpunkten gezählt. Man erhält eine Auskunft über absolute oder prozentuale Häufigkeiten von Vorgängen. Wenn beispielsweise bei 1000 Beobachtungen 280mal Schreibarbeiten und 720mal andere Vorkommnisse angetroffen wurden, ist unter bestimmten Voraussetzungen der Schluß zulässig, daß der tatsächliche Zeitanteil etwa 28 % beträgt (280 : 1000) $\times$ 100. Dieses Ergebnis läßt dann den Schluß zu, daß in etwa 28 % der gesamten Arbeitszeit, also etwa 50 Stunden pro Monat (= Grundgesamtheit), an der betreffenden Stelle Schreibarbeiten erledigt werden.

Beim *Multimoment-Zeitmeßverfahren* werden Zeitwerte in Minuten oder Stunden ermittelt. Es wird also festgestellt, wie groß beispielsweise die durchschnittliche Bearbeitungszeit einer Bestellung ist. In beiden Fällen werden die Ergebnisse statistisch abgesichert. Im Gegensatz zur Dauerbeobachtung werden bei den beiden Arten der Multimomentstudie nur zu bestimmten Zeitpunkten zeitverbrauchende Tätigkeiten bzw. Zeitwerte ermittelt.

Ehe auf das Verfahren näher eingegangen wird, sollen kurz die wichtigsten Begriffe skizziert werden.

Wenn man eine totale Sicherheit erreichen wollte, müßte eine Vollerhebung vorgenommen werden. Jede Stichprobe bringt Unsicherheit mit sich. Durch die **statistische Sicherheit** wird angegeben, wie zuverlässig die gemachten Aussagen sind. Normalerweise geht man bei Multimomentstudien von einer Sicherheit von 95 % aus, d. h. in 5 % der Fälle kann es durchaus sein, daß der tatsächliche Wert (in der Regel dicht) neben dem ermittelten Ergebnis liegt.

Das Ergebnis einer Stichprobe ist ein Prozentanteil (z. B. 28 % Schreibarbeiten). Nun gibt die Multimomentstudie aber nicht nur diesen Punkt an. Sie sagt vielmehr, daß der tatsächliche Wert — mit 95 % Sicherheit — innerhalb eines Bereiches liegt, dessen Mittelpunkt der ermittelte Prozentsatz darstellt. Der Bereich wird durch die sogenannte **Genauigkeit** begrenzt.

Beispiel:

28 $\pm$ x %, wobei x die Genauigkeit ist. Bei einer gewählten Genauigkeit von 2 % bedeutet das beispielsweise: 28 $\pm$ 2 %, d. h. der tatsächliche Wert liegt innerhalb der Grenzen 28—2 % = 26 % und 28+2 % = 30 %, und das mit einer Sicherheit von 95 %.

Die Genauigkeit legt der Untersuchende selbst fest. Je genauer die Aussage sein soll, desto mehr Beobachtungen sind notwendig.

Statistische Sicherheit und Genauigkeit stehen in einer gegenläufigen Beziehung zueinander. Je sicherer eine Aussage sein soll, desto ungenauer muß sie sein, vorausgesetzt der Sachverhalt ist nicht exakt bekannt. So ist z. B. die Aussage, daß ein bestimmter Zug um 16.50 Uhr abfährt, sehr genau, aber auch nicht hundertprozentig sicher. Kleinere Verspätungen müssen schon einmal in Kauf genommen werden. Je ungenauer die Aussage gemacht wird — der Zug fährt zwischen 16.50 und 17.00 Uhr — desto sicherer wird sie.

3. Beurteilung der Beobachtung

Als **Vorteile** der Beobachtung sind zu werten:

● Die Vorgänge werden im Zeitpunkt ihres tatsächlichen Geschehens aufgenommen.

● Die Daten gelangen ohne Einschaltung eines Informanten unverfälscht zum Beobachter.

● Die Beobachtung vermittelt die Kenntnis über die Tatbestände und Vorgänge unabhängig von der Fähigkeit und Bereitwilligkeit der Beobachtungsobjekte.

Als **Nachteile** sind zu nennen:

● Die Vorgänge können nur während ihres Auftretens beobachtet werden.

● Die Ermittlung von Daten mit Hilfe der Beobachtung kostet immer den Zeitaufwand, den der beobachtete Vorgang dauert.

● Eine Beobachtung kann nur vorgenommen werden, wenn der relevante Vorgang stattfindet. Der Zeitpunkt für das Eintreten läßt sich häufig nicht vorbestimmen. Damit der Beobachter nicht auf Zufälligkeiten angewiesen ist, muß die Beobachtung oft über längere Zeiträume vorgenommen werden. Die Beobachtung sollte nur angewendet werden, wenn die Ermittlung der Daten auf eine andere Weise nicht möglich ist. Der Genauigkeitsgrad der Ergebnisse ist genauso groß wie bei anderen Verfahren; bei der Multimomentstudie, bezogen auf die spezielle Fragestellung sogar wesentlich genauer.

● Es besteht die Gefahr der Identifizierung mit den beobachteten Personen, was zu Verfälschungen führen kann.

● Von dem Beobachter geht ein eigener Einfluß aus; so kann z. B. durch die Anwesenheit des Beobachters ein Beobachteter sein Verhalten ändern.

● Im Gegensatz zur Multimomentstudie können bei allen nicht wahrscheinlichkeitstheoretisch abgesicherten Beobachtungen atypische Beobachtungspunkte oder -räume zu falschen Beobachtungsergebnissen führen.

Fragen:

24. Welche Beobachtungsformen kann man unterscheiden?

25. Was ist eine strukturierte Beobachtung?

26. Aus welcher Überlegung entstand die Multimomentstudie?

27. Welche Beziehungen bestehen zwischen der statistischen Sicherheit und der Genauigkeit einer Aussage?

28. Ist bei Multimomentstudien die statistische Genauigkeit besonders zu beachten?

29. Was bedeutet eine 95 %ige Sicherheit?

4. Das Multimomentverfahren

Lernziele:

Sie sollen nach dem Studium dieses Abschnittes in der Lage sein

— eine Multimomentstudie vorzubereiten,

— eine Studie durchzuführen,

— eine Studie auszuwerten,

— das formale Vorgehen einem Laien zu erläutern.

---

a) Vorgehensweise

Eine Multimomentstudie läuft nach folgendem Schema ab:

— Ziel festlegen

— Festlegung der Beobachtungsmerkmale

— Festlegung der Zahl der notwendigen Beobachtungen

— Festlegung der Zahl der Rundgänge

— Festlegung der Startzeitpunkte der Rundgänge

— Festlegung der Rundgangswege und Beobachtungsstandpunkte

— Entwurf Beobachtungsbogen

— Erhebung

— Auswertung

b) Ziel festlegen

Es ist zu bestimmen, was mit der Multimomentstudie erreicht werden soll. Mögliche Aufgabenstellungen sind etwa die Ermittlung von

— Zeitanteilen für bestimmte Aufgabenarten

— Auslastungsgraden für Mitarbeiter („Verteilzeiten")

— Auslastungsgraden für Sachmittel

— Häufigkeiten bestimmter Ablaufarten

c) Festlegung der Beobachtungsmerkmale

Es ist festzulegen, welche Tatbestände (Merkmale) in der Studie erhoben werden sollen. Diese Tatbestände müssen beobachtbar und eindeutig abgrenzbar sein. Die Zahl der Merkmale sollte 20 nicht überschreiten, möglichst deutlich geringer sein.

Aus Erfahrungswerten,

    vergleichbaren Studien,

    dem Untersuchungsauftrag oder

    Vorstudien

können die zu beobachtenden Merkmale (Tatbestände) gewonnen werden.

An mehreren Arbeitsplätzen ist beispielsweise zu ermitteln, wie groß der Anteil bestimmter Aufgaben ist.

Etwa: Telefonieren,

    Diktat aufnehmen,

    Schreiben,

    Ablegen,

    Sonstiges.

Zur Festlegung empfiehlt sich die Aufgabenanalyse (siehe den entsprechenden Lehrbrief). Neben Aufgaben sind häufig aber noch weitere Merkmale von Interesse, so z. B.

planmäßige Abwesenheit,

— Pausen,

— Krankheit,

— Arztbesuch,

— Urlaub,

— Schulung,

— abwesende Teilzeitkräfte,

— Gleitzeitspanne,

    dienstliche Abwesenheit,

    persönlich bedingte Abwesenheit,

    arbeitsablaufbedingte Wartezeit,

    persönlich bedingte Wartezeit.

Da Abwesenheit nur als solche beobachtet werden kann — der Grund der Abwesenheit bleibt dem Beobachter verschlossen — muß das Prinzip der reinen Beobachtung durchbrochen werden. In der Praxis hat es sich bewährt, den Beobachteten mit entsprechenden Tafeln zu versehen, die je nach der Ursache der Abwesenheit aufgestellt werden. Zweifellos erhält der Beobachtete hier ein Instrument zur Manipulation. Andererseits sollte nicht darauf verzichtet werden, derartige Abwesenheitszeiten aufzuschlüsseln, da zumindest die dienstliche Abwesenheit für organisatorische Aussagen sehr wichtig ist.

d) Festlegung der Zahl der Notierungen

Die notwendige Zahl der Notierungen (N) bei einem vorgegebenen absoluten Fehler (f) kann auf dem folgenden Nomogramm abgelesen werden durch die Verlängerung der Geraden, die den Merkmalsanteil mit der gewünschten Genauigkeit verbindet. Die erforderliche Anzahl an Beobachtungen ist somit abhängig von der gewünschten Genauigkeit und dem Anteilswert p. Da bei einer Multimomentstudie p zu Beginn nicht bekannt sein dürfte, ist dieser Wert zu schätzen (p') — notfalls nach einer Voruntersuchung von etwa 400 Notierungen. Im Normfall werden bei einer Studie gleichzeitig verschiedene Anteilswerte ermittelt. Die Zahl der Notierungen hängt dann von dem Anteilswert ab, der voraussichtlich am dichtesten bei 50 % liegt.

Beispiel:

Die geschätzten p-Werte sind

p'_1 = 30 % liegt am dichtesten bei 50 %

p'_2 = 25 %

p'_3 = 20 %

p'_4 = 15 %

p'_5 = 10 %

Die gewünschte Genauigkeit sei

f = 2,5 %

Die erforderliche Anzahl der Notierungen beträgt N = 1300. Sie ergibt sich aus der Verlängerung der Geraden, die den relevanten (geschätzten) Anteilswert (p' = 30) mit der gewünschten Genauigkeit (f = 2,5) verbindet.

Es ist allerdings auch möglich, einen kleineren Anteilswert zugrunde zu legen, etwa wenn dieses Merkmal für die Untersuchung entscheidend ist.

Häufig steht auch die Frage, welchen Untersuchungsaufwand das anstehende Problem rechtfertigt, am Anfang einer Multimomentstudie. Ist der Auftraggeber bereit, für die Untersuchung einen Mitarbeiter für einen Monat als Erheber freizustellen, so kann dieser Erheber pro Stunde zwei bis sechs, im Monat 360—1080 Rundgänge erledigen. Das bedeutet, daß bei zehn gleichartigen Stellen 3600 bis 10 800 Beobachtungen gemacht werden. So lassen sich sehr hohe Genauigkeiten erreichen und — was wichtiger ist — für jede einzelne Stelle können immer noch sehr zuverlässige Aussagen gemacht werden.

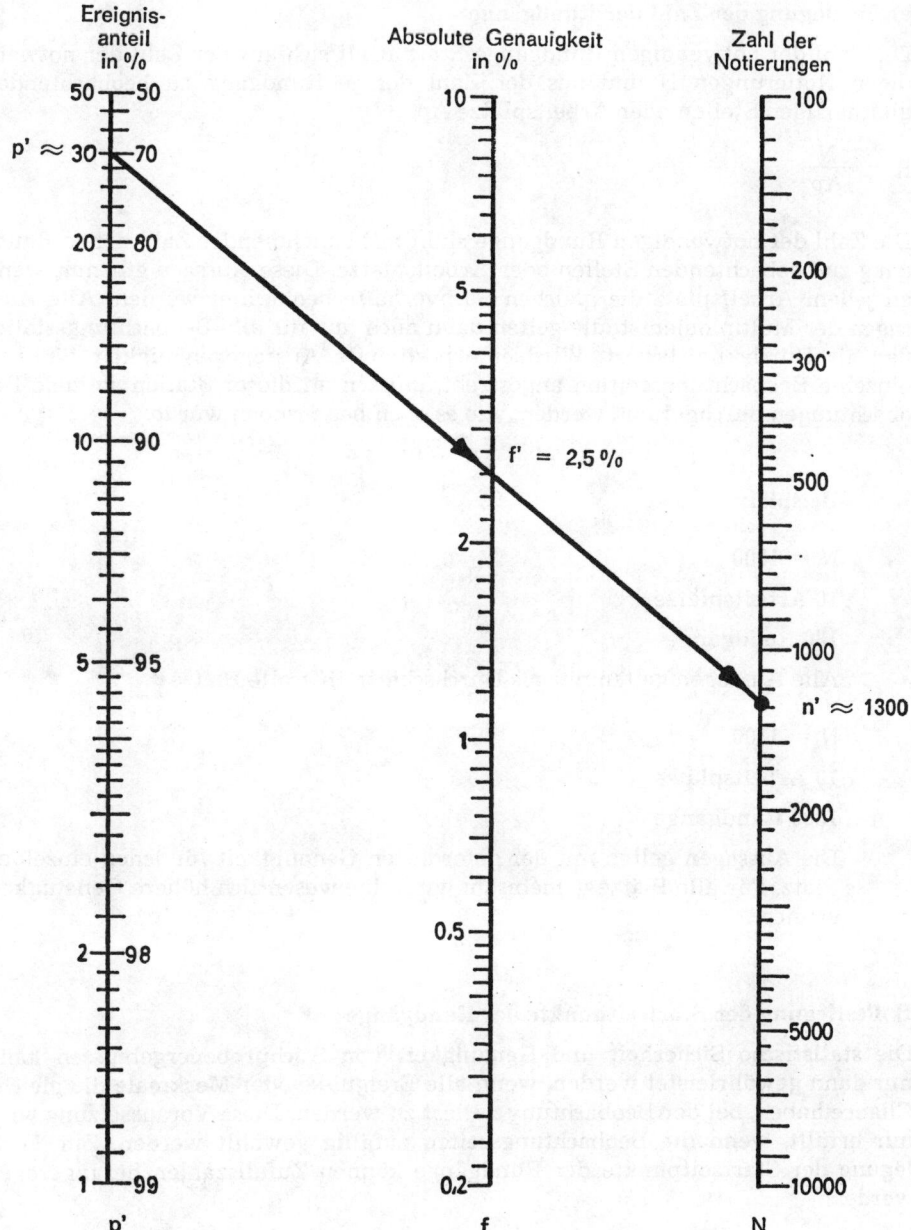

Tabelle 4: *Nomogramm für die Auswertung von Multimomentaufnahmen bei einer Aussagewahrscheinlichkeit von S = 95 %.*

In Anlehnung an REFA, Methodenlehre des Arbeitsstudiums, Band 2, München 1971, S. 234.

e) Festlegung der Zahl der Rundgänge

Die Zahl der notwendigen Rundgänge R ermittelt sich aus der Zahl der notwendigen Notierungen N und aus der Zahl der je Rundgang zu beobachtenden gleichartigen Stellen oder Arbeitsplätze Ap

$$R = \frac{N}{Ap}$$

Die Zahl der notwendigen Rundgänge sinkt mit zunehmender Zahl der je Rundgang zu beobachtenden Stellen oder Arbeitsplätze. Diese Aussage gilt nur, wenn an jedem Arbeitsplatz die gleichen Sachverhalte beobachtet werden. Alle Aussagen der Multimomentstudie gelten dann auch nur für alle Beobachtungsstationen als Durchschnittswert. Wird eine bestimmte Aussagegenauigkeit für eine einzelne Beobachtungsstation angestrebt, müssen an dieser Station so viele Beobachtungen durchgeführt werden, wie es oben beschrieben wurde.

Beispiel:

N = 1300

10 Arbeitsplätze

130 Rundgänge

Alle Aussagen gelten nur als Durchschnitt über alle Plätze

N = 1300

10 Arbeitsplätze

1300 Rundgänge

Die Aussagen gelten mit der geforderten Genauigkeit für jeden einzelnen Platz. Für alle Plätze gemeinsam wird eine wesentlich höhere Genauigkeit erreicht.

f) Festlegung der Startzeitpunkte der Rundgänge

Die statistische Sicherheit und Genauigkeit von Stichprobenergebnissen kann nur dann gewährleistet werden, wenn alle Ereignisse oder Merkmale die gleiche Chance haben, bei der Beobachtung notiert zu werden. Diese Voraussetzung wird nur erfüllt, wenn die Beobachtungszeiten zufällig gewählt werden. Zur Festlegung der Startzeitpunkte der Rundgänge können Zufallszahlen herangezogen werden.

Beispiel für die Umrechnung von Zufallszahlen zu Uhrzeiten, wobei vier Rundgänge/Stunde vorgesehen sind (hängt u. a. ab von der Dauer pro Rundgang). Die Beobachtungen sollten sich grundsätzlich über die gesamte Arbeitszeit erstrecken (z. B. von 8.00—17.00 Uhr).

Im Falle der Gleitzeit müssen die Erhebungen auch in der Gleitzeitspanne durchgeführt werden. Nicht anwesende Mitarbeiter werden als planmäßig abwesend

notiert. Sind mehrere Rundgänge pro Stunde durchzuführen, können die Startzeitpunkte auf alle Stunden des Arbeitstages verteilt werden. Sind weniger
Rundgänge nötig, als es Arbeitsstunden an einem Arbeitstag gibt, so müssen
auch die Stunden zufällig bestimmt werden. Die Startzeitpunkte werden zufällig
festgelegt, indem an einer beliebigen Stelle in einer Zufallstafel beginnend, fort-
laufend zweistellige Zufallszahlen abgelesen werden.

Siehe dazu die nachfolgenden Zufallszahlen-Tabellen (S. 36 und 37).

Es werden je Stunde so viele zweistellige Zufallszahlen ausgewählt, wie Rundgänge pro Stunde geplant sind. (Im Beispiel wird im Block 22, 2. Zeile, 3. Spalte
begonnen.)

08.xx Uhr	10	24	31	23	29
09.xx Uhr	05	08	12	57	06
10.xx Uhr	37	13	09	58	06

Es werden vorsorglich einige Minutenwerte mehr ausgewählt. Liegen nämlich
zwei Startzeitpunkte zu dicht beieinander, muß ein Wert gestrichen werden
(siehe unten $\otimes$). Die Rundgangszeit betrage drei Minuten.

Startzeitpunkte der Rundgänge

08.10 Uhr	09.05 Uhr	10.05 Uhr. usw.
08.23	~~09.06~~	10.09
~~08.24~~	09.08	10.13
08.29	09.12	10.37
~~08.31~~	09.57	10.58

Soll die Untersuchung über einen längeren Zeitraum hinweg durchgeführt werden und ergeben sich deswegen weniger als acht bis neun Beobachtungen je Tag,
dann müssen wie erwähnt auch die Stunden zufällig ausgewählt werden.

g) Festlegung der Rundgangswege und Beobachtungsstandpunkte

Die Rundgangswege werden skizziert und die Beobachtungsstandpunkte eingetragen.

h) Beobachtungsbogen

Nach diesen Vorarbeiten muß ein Beobachtungsbogen entworfen werden. Besondere Rubriken für Rundgangszeiten, Arbeitsplätze, Beobachtungsmerkmale
sowie Summen und Auswertungsspalten sind vorzusehen, ebenso wie ausrei-
chender Raum für die eigentlichen Notierungen.

11

10	37	29	12	31
11	09	44	51	15
42	23	04	00	35
59	46	32	19	45
30	18	54	38	48

12

42	22	19	07	50
05	52	24	20	16
36	04	50	14	57
25	49	08	58	34
55	12	40	33	29

13

24	32	15	02	10
21	45	17	28	40
17	35	55	20	14
54	23	47	16	52
04	08	41	06	31

14

24	16	00	49	39
43	02	49	33	05
53	26	56	05	46
36	45	27	17	34
13	55	35	26	03

21

03	14	49	42	59
46	26	17	54	04
58	06	30	38	26
32	49	57	48	21
11	28	38	19	09

22

34	45	02	43	18
14	39	10	24	31
02	13	11	35	55
41	53	33	28	01
19	36	45	41	52

23

56	20	45	57	51
23	29	05	08	12
17	37	19	52	25
40	15	00	05	46
44	07	57	49	27

24

17	58	40	25	22
57	06	37	13	09
36	47	27	58	50
08	29	01	36	47
02	34	47	54	08

31

33	09	26	52	45
07	10	28	50	31
06	32	37	03	15
47	29	06	56	01
32	53	50	15	23

32

48	15	58	54	40
01	21	37	24	59
54	42	26	04	46
23	04	49	43	30
10	34	24	51	19

33

36	41	32	22	50
13	17	58	02	43
36	39	26	32	12
25	51	08	54	16
45	33	05	15	40

34

14	34	44	20	57
05	55	28	35	01
00	11	32	03	53
59	09	41	46	13
47	18	36	58	30

41

19	24	31	35	03
51	09	56	19	35
22	10	05	54	30
02	32	36	46	42
57	34	40	08	22

42

00	30	34	26	45
33	44	06	51	35
49	51	12	21	08
56	23	07	48	17
12	35	04	37	53

43

14	18	48	58	24
11	28	22	03	54
35	53	27	31	14
41	00	07	47	43
53	38	39	01	50

44

15	28	42	18	21
36	16	57	43	03
26	49	13	37	59
01	39	25	29	52
17	45	32	10	55

51

36	27	51	13	04
16	05	39	26	21
21	50	40	00	18
51	35	22	10	43
44	47	50	16	52

52

55	27	44	07	18
28	31	34	16	07
20	53	30	24	40
39	13	01	45	59
25	42	12	29	50

53

42	17	39	48	41
08	28	58	19	33
57	32	17	02	37
47	09	44	33	01
10	53	03	40	25

54

56	32	18	59	43
14	47	49	23	06
33	56	11	39	27
21	07	40	46	15
38	00	35	04	12

61

11	23	18	35	58
52	08	23	40	14
54	37	42	10	28
00	42	49	25	05
23	55	05	39	37

62

24	00	46	57	01
53	36	03	23	20
11	09	19	04	50
43	25	22	11	30
01	22	57	03	17

63

18	26	14	41	48
30	38	45	51	20
48	33	27	29	09
25	07	34	16	53
02	56	41	20	06

64

29	31	59	54	46
12	02	39	20	56
21	51	31	59	22
23	09	47	06	55
33	44	24	39	30

71

17	00	44	55	02
48	41	25	15	27
29	33	06	22	38
38	07	41	43	58
48	24	56	38	09

72

54	08	28	53	19
21	51	33	56	09
37	14	04	10	39
49	38	30	27	48
46	10	12	21	42

73

53	28	16	45	38
58	06	40	29	15
13	02	18	52	25
30	32	11	01	57
25	44	32	38	05

74

49	20	08	43	12
34	08	13	55	23
45	53	36	09	20
50	44	03	53	03
37	59	48	16	31

81

02	56	14	42	39
26	07	50	34	15
45	16	30	59	52
52	41	38	12	24
18	03	56	16	33

82

41	20	26	31	08
52	34	06	48	18
02	29	21	55	46
52	37	59	19	29
15	06	49	43	57

83

32	51	47	20	00
11	44	17	01	47
05	58	06	43	23
18	13	28	54	42
14	38	44	07	36

84

09	46	57	25	22
51	13	07	35	03
35	48	19	04	43
19	54	40	22	46
10	27	04	41	00

91

55	39	50	26	31
42	10	26	58	29
54	23	30	42	52
11	31	34	09	18
19	21	48	16	27

92

24	13	30	33	44
55	16	37	22	27
20	41	03	28	01
57	21	51	11	17
44	14	08	47	00

93

27	37	25	22	01
12	59	49	02	15
04	00	13	40	46
50	12	55	05	38
28	06	34	56	21

94

59	05	13	56	49
07	52	31	11	04
31	47	58	43	12
27	11	20	36	29
10	15	07	14	24

Tabelle 5: Zufalls-Minutentafel

Entnommen: Haller-Wedel, E.: Multimoment-Verfahren in Theorie und Praxis, München 1969, S. 33.

11

10	08	12	11	09
12	15	11	07	16
06	09	10	17	15
14	16	15	08	17
16	17	14	13	08

12

07	12	15	11	09
14	08	17	12	06
11	16	08	07	13
08	17	13	09	10
17	09	07	10	06

13

15	06	07	10	14
14	10	13	12	16
06	09	11	08	09
09	15	08	07	11
17	12	14	10	16

14

07	15	13	09	10
13	08	11	16	15
09	10	16	07	13
10	12	17	06	09
14	06	07	15	12

21

11	14	07	15	06
09	13	06	11	17
14	12	09	07	16
16	10	12	08	14
06	09	13	10	15

22

16	07	13	08	09
10	06	17	12	16
16	10	15	13	12
08	11	09	17	06
11	09	06	15	14

23

12	08	10	13	06
06	15	12	17	07
16	13	14	07	12
07	10	06	14	13
11	09	10	16	08

24

16	11	17	14	07
10	09	15	13	17
06	13	07	11	09
11	10	09	07	14
17	08	13	06	12

31

07	17	12	10	09
06	09	17	12	14
14	08	09	06	16
08	15	14	17	12
10	08	15	11	13

32

09	15	08	17	15
12	14	06	07	11
07	16	15	06	09
14	09	16	12	07
13	12	10	11	08

33

12	16	17	08	06
08	12	09	16	15
09	17	11	10	13
14	07	12	13	10
15	09	14	10	07

34

16	08	07	11	06
07	09	10	06	11
08	07	14	07	13
13	17	10	09	12
15	14	16	10	08

41

12	15	09	17	16
15	17	06	13	11
14	09	07	10	14
08	06	16	11	17
08	12	13	06	15

42

15	06	11	13	16
09	11	12	17	10
11	13	17	12	08
08	10	07	14	06
14	17	09	10	16

43

16	13	17	14	09
07	06	16	09	15
12	10	06	16	17
09	12	13	07	11
08	06	10	11	07

44

15	09	14	11	13
08	16	06	12	07
07	13	10	06	09
10	12	15	08	14
11	15	07	17	16

51

12	15	14	09	07
13	11	16	06	12
17	07	10	15	06
09	13	06	10	14
07	08	15	17	11

52

13	16	11	15	07
14	06	17	07	08
08	13	09	12	10
11	14	12	13	16
16	07	06	09	14

53

14	12	08	15	16
06	14	17	08	11
08	10	16	12	14
15	17	13	11	12
17	07	11	09	06

54

16	10	15	13	07
13	16	09	11	06
15	08	16	14	11
08	11	10	17	13
06	17	12	07	15

61

17	10	16	06	08
16	08	11	13	14
10	14	12	16	15
06	13	08	09	06
11	12	10	17	07

62

08	17	07	13	14
13	15	06	08	10
11	16	13	07	06
15	09	15	17	11
16	11	08	14	17

63

16	13	09	11	09
14	07	11	12	08
11	15	08	17	14
12	17	06	07	10
07	14	13	15	12

64

13	08	09	17	11
11	15	10	08	14
06	07	17	06	15
17	10	16	13	07
07	14	11	15	12

71

17	12	15	13	16
15	13	09	08	06
09	14	16	10	08
07	06	13	15	17
14	15	12	07	11

72

17	14	11	13	10
10	16	14	07	12
08	11	15	12	09
16	14	06	15	13
15	08	12	16	11

73

08	16	14	07	13
10	12	06	15	09
12	15	11	16	14
06	11	15	10	17
07	13	12	11	16

74

15	09	10	06	12
16	06	15	13	08
12	13	07	16	14
17	12	09	10	15
06	10	17	14	11

81

12	08	16	06	11
07	10	08	12	14
10	13	15	17	07
17	16	14	11	06
10	06	14	09	15

82

11	08	17	16	09
09	16	11	14	07
13	07	14	10	06
14	15	07	06	11
07	12	09	17	16

83

13	10	07	11	12
10	06	09	14	07
17	14	10	08	16
06	12	14	16	17
11	07	15	17	13

84

08	06	14	10	09
10	12	17	11	14
09	08	12	15	11
11	15	06	16	17
06	17	09	13	12

91

17	10	08	15	14
10	11	09	13	08
13	16	14	08	17
08	13	06	17	09
15	07	11	10	12

92

06	08	09	12	16
07	13	16	15	11
12	09	07	13	17
08	15	17	14	10
14	16	13	06	08

93

08	12	09	10	17
13	07	17	06	10
12	16	10	13	14
16	13	08	15	09
17	08	11	12	15

94

08	09	07	13	10
09	16	11	14	13
15	10	12	07	09
17	12	08	06	16
13	11	16	17	08

Tabelle 6: Zufalls-Stundentafel

Entnommen: Haller-Wedel, E.: Multimoment-Verfahren in Theorie und Praxis, München 1969, S. 32.

In Abbildung 1 und 2 sind zwei Beispiele für Erhebungsformulare aufgeführt. Im ersten Beispiel gibt es für jedes Merkmal eine Spalte, so daß der Erheber bei jedem Rundgang nur anstreicht, was er gerade beobachtet hat. Diese Form der Aufschreibung sprengt leicht die üblichen Formate. Besonders dann, wenn 15 bis 20 Merkmale und mehrere gleichartige Stellen beobachtet werden. In diesen Fällen ist das zweite Formularbeispiel besser geeignet. Es hat allerdings gegenüber dem ersten den Nachteil, nicht so leicht ausgewertet werden zu können.

Zeit	Stelle																													
	1					2					3					4					5					6				
	Merkm.					Merkm.					Merkm.					Merkm.					Merkm.					Merkm.				
	a	b	c	d	e	a	b	c	d	e	a	b	c	d	e	a	b	c	d	e	a	b	c	d	e	a	b	c	d	e
7.28	I					I								I						I						I	I				
7.36	I						I							I						I				I		I				
7.58				I			I							I					I						I					I
8.04																														
8.26																														
8.31																														

Abb. 1: *Erhebungsbogen mit Merkmalsspalten*

Zeit	Stelle												
	1	2	3	4	5	6	7	8	9	10	11	12	13
7.28	a	a	d	e	e	a							
7.36	a	b	d	e	d	a							
7.58	d	b	d	d	e	e							
8.04													
8.26													
8.31													

Abb. 2: *Erhebungsbogen ohne Merkmalsspalten*
(Die Merkmale sind zu verschlüsseln)

i) Information

Da es sich um eine offene Beobachtung handelt, ist es unerläßlich, vorher die **Betroffenen** über die Art der Vorgehensweise und über die Zielsetzung zu **informieren**.

Der **Betriebsrat** hat lt. § 90 des Betriebsverfassungsgesetzes ein **Unterrichtungs-** und **Beratungsrecht** und lt. § 91 ein **Mitbestimmungsrecht** bei verschiedenen organisatorischen Belangen und lt. § 92 ein Unterrichtungs- und Beratungsrecht bei der Personalplanung (entsprechendes gilt auch für die verschiedenen Personalvertretungsgesetze). Da Multimomentstudien grundsätzlich vor dem Hintergrund organisatorischer Anpassungsentscheidungen und u. U. auch mit dem Ziel der Personalbemessung durchgeführt werden, empfiehlt es sich, in jedem Fall den Betriebsrat (Personalrat) rechtzeitig einzuschalten und über das geplante Vorgehen zu informieren.

j) Erhebung

Um zu überprüfen, ob jedes Merkmal von jedem Erheber richtig notiert wird, werden vor Beginn der eigentlichen Multimomentaufnahme Proberundgänge durchgeführt. Dabei besteht gleichzeitig die Möglichkeit, sich mit dieser Aufnahmetechnik vertraut zu machen. Schließlich wird hierbei der Beobachtungsbogen nochmals auf Vollständigkeit überprüft.

Nach etwa 300—500 Notierungen sollte eine Zwischenauswertung durchgeführt werden. Dann kann schon recht zuverlässig gesagt werden, ob die geschätzten Merkmalsanteile zutreffen und wieviele Beobachtungen insgesamt gemacht werden müssen, um die gewünschte Genauigkeit zu erreichen.

k) Auswertung

Zur Auswertung sind die Notierungen je Beobachtungsmerkmale zu ermitteln und zur Gesamtzahl der Notierungen in Beziehung zu setzen.

Beispiel:

1300 Notierungen

Anteile

Telefonieren	$(210 : 1300) \cdot 100 = 16{,}2$
Diktataufnehmen	$(180 : 1300) \cdot 100 = 13{,}9$
Schreiben	$(640 : 1300) \cdot 100 = 49{,}2$
Ablegen	$(\ 90 : 1300) \cdot 100 = \ \ 6{,}9$
Sonstiges	$(180 : 1300) \cdot 100 = 13{,}8$
1300	100,0

Wenn insgesamt

10 Mitarbeiter vier Wochen lang beobachtet wurden, errechnen sich folgende Zeiten

10 Mitarbeiter $\times$ 4 Wochen $\times$ 40 Stunden/W = 1600 Stunden
16,2 % der Zeit Telefonieren = 259,2 Stunden

Aus der Tabelle 4 läßt sich jetzt die Genauigkeit, bezogen auf dieses Merkmal, ermitteln, indem die Punkte 1300 (Beobachtungen) und 16,2 % (Merkmalsanteil) miteinander verbunden werden. Es ergibt sich $\approx$ 2,2 %.

Die Aussage lautet demnach: Der tatsächliche Zeitanteil, der für das Telefonieren aufgewandt wird, liegt

— mit 95 % Sicherheit

— innerhalb des Intervalls von

$$16,2 + 2,2 = 18,4\ \% \text{ und}$$

$$16,2 - 2,2 = 14,0\ \% \text{ der gesamten Arbeitszeit.}$$

l) Beurteilung der Multimomentstudie

Vorteile

● Die Untersuchungsergebnisse sind ein Spiegelbild des tatsächlichen Ist-Zustandes. Es gibt keine Verfälschung durch bewußt falsche Auskünfte.

● Es werden keine Zeitmeßgeräte benötigt.

● Der Arbeitsablauf wird nicht gestört, da die Erhebung immer nur kurze Augenblicke beansprucht.

● Auf einem Rundgang können nahezu beliebig viele Arbeitsplätze beobachtet werden (bis zu 50).

● Die Beobachtung kann jederzeit abgebrochen und später fortgesetzt werden.

● Jede gewünschte Genauigkeit — von der Grob- bis zur Feinuntersuchung — ist möglich.

● Die Auswertung geht schnell.

Als Grenze wäre zu erwähnen, daß durch Multimomentaufnahmen keine Auskünfte und Leistungsgrade gemacht werden können. Bei Ereignissen, deren Häufigkeit kleiner als 1 % ist, können keine Genauigkeitsaussagen getroffen werden. Durch die kurzfristigen Beobachtungen wird ein persönlicher Kontakt zwischen dem Beobachter und dem Beobachteten erschwert. Deswegen ist besonders sorgfältig auf eine gründliche Vorbereitung der Beobachteten zu achten.

Fragen:

---

30. Welche Ziele werden mit Multimomentstudien verfolgt?

31. Wie können in Multimomentstudien die Ursachen für Abwesenheiten erfaßt werden?

32. Wovon hängt die Anzahl der notwendigen Notierungen bei einer Multimomentstudie ab?

33. Wie geht man in der Praxis vor, wenn die zur Bestimmung der Zahl der Notierungen notwendigen Anteilswerte noch nicht bekannt sind?

34. Wie wird das Nomogramm auf Seite 33 gelesen?

35. Was ist bei der Festlegung der Startzeitpunkte der Rundgänge zu beachten?

36. Wie kann ein Erhebungsformular aussehen?

37. Wer ist über eine beabsichtigte Multimomentstudie zu informieren?

38. Innerhalb welches Bereichs liegt der Anteil der Tätigkeit A, wenn bei einer Multimomentstudie 2000 Notierungen gemacht wurden und dabei 500mal die Tätigkeit A angetroffen wurde?

39. Nennen Sie einige Vorteile der Multimomentstudie.

IV. Dokumentenstudium

Lernziel:

Nach dem Studium dieses Abschnittes sollen Sie

— die Bedeutung des Dokumentenstudiums kennen,

— die Anwendungsfälle des Dokumentenstudiums kennen.

Beim Dokumentenstudium werden Erhebungen am Schreibtisch vorgenommen. In der Regel werden die Betroffenen nicht eingeschaltet. Das Dokumentenstudium steht meist am Anfang einer Untersuchung, um sich in eine Materie einzuarbeiten und allgemeine Informationen zu sammeln.

Da Dokumente in Form von Briefen, Berichten, Akten, Gutachten, Arbeitsanweisungen, Stellenplänen, Statistiken usw. nahezu alle betrieblichen Sachverhalte abdecken, ist das Dokumentenstudium eine wichtige Erhebungstechnik.

Zwei Arten von Dokumenten können unterschieden werden

— planmäßig, unabhängig von dem organisatorischen Vorhaben erstellte Dokumente,

— ad-hoc erstellte Dokumente.

Da bei den **planmäßig erstellten Dokumenten** keine aktuelle organisatorische Untersuchung im Hintergrund steht, sind diese Unterlagen meist generell gültig und nicht im Hinblick auf das Untersuchungsziel manipuliert, was aber nicht heißt, daß sie vollständig und aktuell sind und daß (etwa bei Arbeitsanweisungen) tatsächlich nach ihnen gearbeitet wird. Typische Beispiele sind Stellenbeschreibungen, Stellenpläne, Arbeitsanweisungen, Durchführungsverordnungen, allgemeine Regelungen usw.

Ad-hoc erstellte Dokumente sind aus irgendwelchen aktuellen Anlässen entstanden. Typische Beispiele sind Sitzungsberichte, Protokolle, Prüfungsberichte, Aktennotizen und allgemeine Aufzeichnungen. Mit ihnen wird häufig ein bestimmtes Ziel verfolgt, das mit organisatorischen Vorhaben im Zusammenhang stehen kann.

Bei der Auswertung von Dokumenten sollte auf folgendes geachtet werden:

— Ziel des Dokumentes,

— Anlaß der Erstellung,

— Ersteller (evtl. daran Beteiligte),

— Empfänger (beabsichtigte und tatsächliche),

— Grad der Verbindlichkeit normativer Dokumente,

— Zeit der Erstellung.

Dokumente können strukturiert oder unstrukturiert ausgewertet werden. Bei einer **unstrukturierten Auswertung** setzt sich der Erheber mit den Dokumenten auseinander, macht eventuell Auszüge und versucht, die ihm wichtig erscheinenden Sachverhalte zu speichern. Eine **strukturierte Auswertung** erfordert Vorarbeit; der Erheber legt die Merkmale fest, nach denen er die Auswertung vornehmen will. So werden beispielsweise bei jedem Dokument systematisch Empfänger, Ersteller, Zeitpunkt der Erstellung oder auch die Inhalte nach vorher klassifizierten Gruppen ausgewertet. Diese Strukturierung ist bei einem größeren Volumen vergleichbarer Dokumente sinnvoll, da die spätere Analyse des Materials beschleunigt werden kann.

Folgende **Vorteile** bringt das Dokumentenstudium mit sich:

● breite Informationsbasis,

● gezieltere Erhebung in der eventuell nachfolgenden Befragung,

- schneller Zugriff (wenn gezieltes Material vorliegt),
- keine Verfälschung durch den aktuellen Organisationsanlaß,
- keine Störung der Betroffenen,
- vermeidet „Unruhe", etwa im Rahmen einer Vorstudie, wo noch gar nicht feststeht, ob das Projekt durchgeführt wird.

Als **Nachteile** zeigen sich u. U.

- fehlende Vollständigkeit,
- fehlende Aktualität,
- Dokumente geben nur Soll, nicht aber Ist wieder.

Aus Vor- und Nachteilen leitet sich ab, daß das Dokumentenstudium nicht allein, sondern nahezu immer im Zusammenhang mit anderen Erhebungstechniken eingesetzt wird.

Fragen:

---

40. Welche Dokumente können unterschieden werden?

41. Wann wird das Dokumentenstudium normalerweise eingesetzt?

V. Selbstaufschreibung

Lernziele:

Nach dem Studium dieses Abschnittes sollen Sie

— die Sachverhalte kennen, die besonders gut durch Selbstaufschreibung erhoben werden können,

— Erhebungsformulare für die Selbstaufschreibung kennen,

— die Zuverlässigkeit von Ergebnissen beurteilen können, die durch Selbstaufschreibung erhoben wurden.

Neben Befragung, Beobachtung und Dokumentenstudium kann die Selbstaufschreibung als Erhebungstechnik herangezogen werden.

Die Selbstaufschreibung wird insbesondere zur Ermittlung von Aufgaben bzw. Tätigkeiten sowie Zeiten und Mengen eingesetzt. Um die spätere Auswertung zu erleichtern, empfehlen sich leicht verständliche Vordrucke, die von den Betroffenen ausgefüllt werden können, ohne daß sie organisatorische Vorkenntnisse besitzen. Eine sorgfältige Information über das Ziel der Erhebung und über die Vorgehensweise ist unerläßlich. Speziell in den ersten Tagen der Erhebung muß der Organisator Starthilfe geben.

Aufgaben und Zeiterhebung

a) Tagesberichte

Ein typisches Beispiel der Selbstaufschreibung ist ein Tagesbericht. Neben einem vertikalen Zeitbalken werden die erledigten Tätigkeiten eingetragen. Die Tätigkeiten werden in der Reihenfolge ihres Auftretens untereinander vermerkt. In der zweiten Spalte werden die zugehörigen Zeiten festgehalten. Tritt eine Tätigkeit erneut auf, wird in der zweiten Spalte lediglich der Zeitverbrauch notiert. So bedeutet in der zweiten Spalte „3, 2, 4, 5, 2", daß fünfmal die Tätigkeit auftrat und insgesamt 16 Minuten beanspruchte.

Liegt kein vorab erhobener Aufgabenkatalog vor, werden die Mitarbeiter aufgefordert, Tätigkeiten anzugeben. Es fällt häufig leichter, Tätigkeiten (Verrichtungen) als die zugrundeliegenden Aufgaben zu nennen. Außerdem sollen auch alle die Aktivitäten mit erfaßt werden, die keine Aufgaben sind, dennoch aber Arbeitszeit des Betroffenen beanspruchen. Darunter fallen etwa Wartezeiten, Privatgespräche, persönliche Verrichtungen, Erholungszeiten und ähnliches. Für organisatorische Maßnahmen sind auch Informationen über solche Zeiten von Interesse, die nicht für die Aufgabenerfüllung anfallen.

Siehe dazu Abbildung 3 (Seite 45).

Neben der Spalte, in der die Aufgaben/Tätigkeiten eingetragen werden, können noch weitere Spalten vorgesehen werden, in denen durch bestimmte Symbole Zwischentätigkeiten (wie Anrufe, ein- und ausgehend, Besprechungen usw.) einzutragen sind. Durch diese zusätzliche Information lassen sich Störungen und deren Häufigkeit abbilden. In einer weiteren Spalte kann noch angegeben werden, mit wem zusammengearbeitet wurde, um bestimmte Aufgaben zu erledigen.

b) Aufgabenkatalog

Die spätere Auswertung der Selbstaufschreibung kann wesentlich erleichtert werden, wenn den aufschreibenden Mitarbeitern ein systematischer Aufgabenkatalog zur Verfügung gestellt wird. Soll die Aufschreibung maschinell ausgewertet werden, ist ein solcher Katalog sogar unerläßlich. Die Mitarbeiter können dann Aufgabentext und Aufgabennummer sowie einen Schlüssel für Verteilzeiten zusammen mit der beanspruchten Zeit eintragen. Auf diese Weise werden die an verschiedenen Stellen eines Bereiches erhobenen Ergebnisse miteinander vergleichbar.

Ein solcher Aufgabenkatalog muß übersichtlich und vollständig sein, wenn er seinen Zweck erfüllen soll. Das notwendige Instrumentarium wird in dem Lehrbrief „Aufgabenanalyse" getrennt behandelt.

Tagesbericht		Name:	Vorname:			
		Abteilung:				
		Stellenbez.:	Stellennr.:			
Datum:	Unterschr.	Raum:	Telefon:			
Aufgabe / Tätigkeit		Einzelfälle in Minuten	Telefon		Bespre- chung	Zusam- menarb. mit
			Ein	Aus		
a		b	c	d	e	f
Zeichen Vorgesetzter			Blatt			

Abb. 3: Formblatt „Tagesbericht"

c) Überwachung

Die Tagesberichte müssen parallel zur Arbeit erstellt werden, da ansonsten Schätzungsfehler und Manipulationen auftreten. Speziell zu Beginn einer Erhebung muß der Organisator durch häufige Stichproben überprüfen, ob die Aufschreibungen auf dem laufenden sind und ob noch Fragen auftreten. Die Tagesberichte sind jeden Abend möglichst vom Vorgesetzten einzusammeln und zumindest grob zu überprüfen. Offensichtliche Unrichtigkeiten bzw. oberflächliche Handhabung müssen sofort reklamiert werden, um zu zeigen, daß die Erhebung ernst genommen wird.

d) Verdichtete Tagesberichte

Die Ergebnisse der Selbstaufschreibung sind nur dann hinreichend aussagekräftig, wenn sie mindestens über ein bis zwei Wochen hinweg erstellt werden. Dazu müssen sie verdichtet und in bestimmten größeren Zeitintervallen etwa nach Wochenabschnitten zusammengefaßt werden.

Diese wochenweise Zusammenfasusng stellt einen Auszug aus den täglichen Tätigkeitsberichten dar. In der Spalte Tätigkeiten werden die Aktivitäten, ausgehend von den Tätigkeiten mit der größten zeitlichen Beanspruchung, in abnehmender Reihenfolge aufgeführt.

Mengenangaben sind nicht immer notwendig. Die Ordnung nach der zeitlichen Beanspruchung soll Hinweise darauf geben, wo die größten Rationalisierungs-(Organisations-)reserven liegen. Die Spalte „Vorschläge" dient dazu, bereits in der Erhebung Verbesserungsmöglichkeiten aufzuzeigen (siehe dazu Abb. 4).

In einer weiteren Liste müssen noch solche Tätigkeiten erfaßt werden, die periodisch wiederkehren — etwa Jahresabschlußarbeiten — und solche, die nur gelegentlich anfallen, in den Tagesberichten jedoch nicht aufgeführt worden sind (siehe dazu Abb. 5).

e) Aufbereitung der Tagesberichte

Wenn vor der Erhebung kein umfassender Aufgabenkatalog erstellt wurde, besteht die Aufbereitung im wesentlichen darin, die aufgeführten Tätigkeiten auf die zugrundeliegenden Aufgaben zurückzuführen. Darüber hinaus werden die Ergebnisse einer Abteilung oder eines Bereiches spaltenweise zusammengefaßt, um Gesamtwerte zu erhalten und um sich einen besseren Überblick zu verschaffen (siehe dazu Abb. 6).

f) Auswertung

Die abteilungs- oder bereichsweise zusammengefaßten Ergebnisse müssen kritisch gewürdigt werden. Dazu bieten sich die Instrumente an, die in dem Lehrbrief „Kritische Würdigung" behandelt werden.

g) Mängel- oder Wunschlisten

Häufig empfiehlt es sich, zusätzlich zur Spalte „Verbesserungsmöglichkeiten" in den verdichteten Tagesberichten Mängel- und Wunschlisten einzusetzen. Sie können als wichtige Materialsammlung für die Kritik angesehen werden.

Verdichtete Tagesberichte	Name:		Vorname:		
	Abteilung:				
	Stellenbez.:		Stellennr.:		
Datum: / Unterschr.:	Raum:		Telefon:		
Lfd. Nr.	Aufgabe / Tätigk. (wie bei dem Tagesbericht)	Stunden pro Woche	% von Gesamt- stunden	Anzahl Aufgaben	Verbesse- rungsmög- lichkeiten
a	b	c	d	e	f
		Σ	100 %		
Zeichen Vorgesetzter				Blatt	

Abb. 4: Formblatt „Verdichteter Tagesbericht"

ZUSÄTZLICHE TÄTIGKEITEN		Name:		Vorname:		
		Abteilung:				
		Stellenbez.:		Stellennummer:		
Datum	Unterschrift	Raum:		Telefon:		
Lfd. Nr.	Periodisch wiederkehrende Tätigkeiten (in Tagesberichten nicht erfaßt)			Stunden pro Monat	Stunden pro Woche	Aufgaben-Nummer
			Total			
	Gelegentliche Tätigkeiten					
			Total			
Zeichen Vorgesetzter				Blatt		

Abb. 5: Formblatt für zusätzliche Tätigkeiten

AUFGABEN- UND TÄTIGKEITSLISTE

Abteilung		Leiter	Raum	Blatt
Aufgestellt von	Zeichen	Datum		
	Geprüft von	Datum	Zeichen	
			Telefon	Datum

Aufgaben		Stelle Inhaber	Std./Wo.	Tätigkeiten	Total	Stelle Inhaber	Std./Wo.	Tätigkeiten	Total	Stelle Inhaber	Std./Wo.	Tätigkeiten	Total	Stelle Inhaber	Std./Wo.	Tätigkeiten	Total	Stelle Inhaber	Std./Wo.	Tätigkeiten	Total
Nr.	Text																				
a	b	c	c'	d		e		f		g		h		i		k				Total Std.

Abb. 6: Formblatt für eine Aufgaben- und Tätigkeitsliste

Die Mitarbeiter werden aufgefordert, sich über Verbesserungsmöglichkeiten Gedanken zu machen. Hier wird eine deutliche Beziehung der Technik „Selbstaufschreibung" zum betrieblichen Vorschlagswesen erkennbar. Mitdenken und Vorschläge sollen provoziert werden, weil gerade die Ausführenden, aber auch die mittleren hierarchischen Ebenen einen sehr tiefen Einblick in die Einzelheiten der Aufgabenerfüllung haben.

Die wichtigsten Anregungen für organisatorische Verbesserungen stammen häufig von denjenigen, die täglich mit den zu erfüllenden Aufgaben konfrontiert werden. Zumindest kann nicht unterstellt werden, daß der Organisator alle Schwächen vorhandener Lösungen erkennt, wenn er in Bereichen tätig wird, die ihm nicht aus der Erfahrung heraus vertraut sind.

Auch kann nicht erwartet werden, daß er mit allen möglichen Lösungsalternativen vertraut ist. Dieses Wissen findet sich meist irgendwo außerhalb der Organisationsabteilung.

Um dieses Verfahren zu systematisieren und um alle Betroffenen anzusprechen, hat es sich bewährt, an alle Stellen Formblätter zu verteilen. Darin werden Angaben über Mängel und Vorschläge angefordert (siehe dazu Abb. 7).

Aus psychologischen Gründen sollte grundsätzlich der Vorgesetzte über die Mängellisten seiner Mitarbeiter informiert werden. Andernfalls sind starke Belastungen der Beziehungen innerhalb der Abteilung zu erwarten. Der Vorgesetzte könnte Meldungen über seinen Kopf hinweg als Mißtrauensvotum ansehen, das andere wiederum als Zeichen fehlender Eignung des Vorgesetzten interpretieren könnten. Durch diesen Informationszwang bleiben u. U. viele Mängel unausgesprochen. Das muß aber wohl in Kauf genommen werden. Manche Verbesserungsmöglichkeit wird sicherlich aber auch schon auf dem „leisen Weg" unmittelbar realisiert. Durch die Einbeziehung der Mitarbeiter in Organisationsvorhaben schwindet normalerweise der negative Eindruck, lediglich Objekt externer Einflüsse zu sein. Insbesondere wird die Bereitschaft geweckt, solche Lösungen auch zu realisieren, an deren Entstehung durch Vorschläge oder Anregungen teilgenommen wurde.

h) Verläßlichkeit der Auschreibung

Bei der Selbstaufschreibung taucht das Problem auf, inwieweit die gemachten Angaben vertrauenswürdig sind. Allgemeine Aussagen sind dazu nicht möglich. Nirgendwo wird es dem Betroffenen leichter gemacht, Informationen zu manipulieren. Er kann in aller Ruhe überlegen, was er wann angeben will.

Die Neigung, sich besser — sprich: stärker ausgelastet, arbeitseifriger usw. — darzustellen, als es den Tatsachen entspricht, kann sicherlich nicht ignoriert werden. Es gibt jedoch ein wichtiges Korrektiv, wodurch starke Verzerrungen eingeschränkt werden. Tagesberichte und Mängellisten sind dem jeweiligen Vorgesetzten vorzulegen, der sie bearbeitet oder doch zumindest abzeichnet. Allein das Wissen darum, daß diese Berichte vom Vorgesetzten — und nicht von einem Außenstehenden — zur Kenntnis genommen werden, verhindert extreme Verfälschungen.

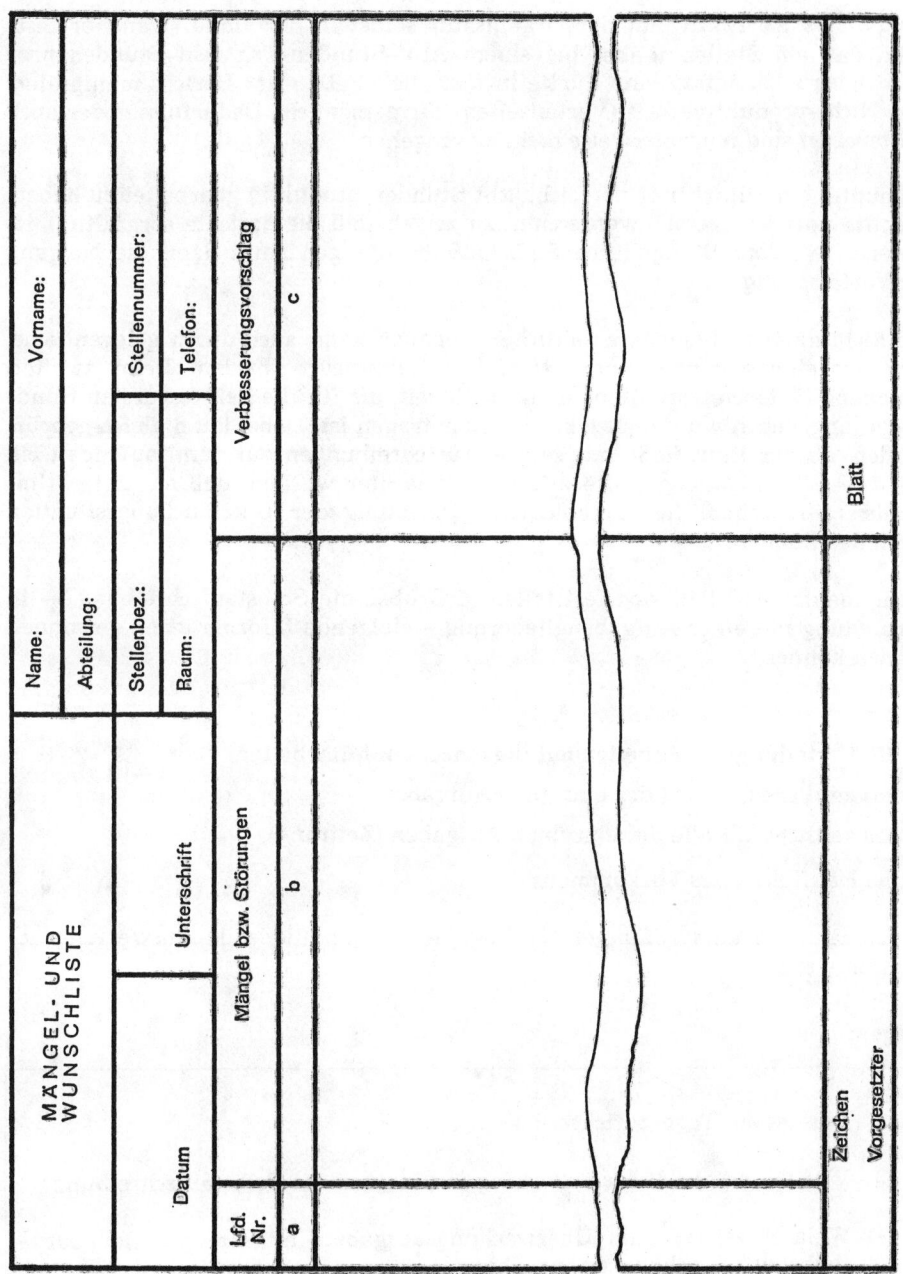

Abb. 7: *Formblatt für eine Mängel- und Wunschliste*

Ein zweites Korrektiv hat der Organisator selbst in der Hand. Wenn er feststellt, daß ein Stelleninhaber bei einem Acht-Stunden-Tag acht Stunden produktive Arbeit angibt, dann dürfte in fast allen Fällen der Bericht manipuliert sein. Nicht-produktive Zeit (Verteilzeiten) für persönliche Bedürfnisse oder auch Wartezeiten sind normalerweise nicht zu umgehen.

Behauptet ein Mitarbeiter von sich, acht Stunden produktiv gearbeitet zu haben, so sollte dort nachgefaßt werden, um zu zeigen, daß die Berichte sorgfältig ausgewertet werden. Bei späteren Selbstaufschreibungen sinkt dann die Neigung zur Verfälschung.

Die Richtigkeit insbesondere zeitlicher Angaben kann auch durch gelegentliche, kurz nacheinander erfolgende Rundgänge überprüft werden. Beim zweiten Rundgang läßt sich feststellen, ob die Tätigkeit, die für die Zeit des ersten Rundganges angegeben wurde, auch richtig eingetragen ist. Dabei kann gleich geprüft werden, ob der Betroffene mit seinen Aufschreibungen auf dem laufenden ist. Bei diesen Rundgängen sollte allerdings beachtet werden, daß sie unter Umständen eine erhebliche psychologische Belastung der Untersuchungssituation darstellen können.

Zusammenfassend läßt sich feststellen, daß über die Selbstaufschreibung — in Verbindung mit einer Aufgabengliederung — folgende Informationen gewonnen werden können

— die der Abteilung gestellten Aufgaben,

— die Verteilung der Arbeiten auf die einzelnen Mitarbeiter,

— das zeitliche Gewicht der einzelnen Aufgaben,

— das zeitliche Gefälle der einzelnen Aufgaben (Zeitrang),

— die Häufigkeit des Vorkommens.

Damit kann ein aussagefähiger Katalog für die anschließende Auswertung geschaffen werden.

Fragen:

42. Was ist ein Tagesbericht?

43. Wozu dient ein Aufgabenkatalog im Rahmen der Selbstaufschreibung?

44. Welche wesentlichen Überwachungsaufgaben müssen parallel zur Selbstaufschreibung wahrgenommen werden?

45. Wozu dienen verdichtete Tagesberichte?

46. Weswegen empfiehlt es sich, auch Mängel- oder Wunschlisten zu verwenden?

VI. Systeme vorbestimmter Zeiten

Lernziel:

Nach dem Studium dieses Abschnittes sollen Sie den methodischen Ansatz der Systeme vorbestimmter Zeiten kennen.

Insbesondere zur Zeitermittlung haben neben der Befragung und der Selbstaufschreibung die Systeme vorbestimmter Zeiten in den letzten Jahren an Bedeutung gewonnen. Speziell im Fertigungsbereich brachten sie oft erhebliche Zeiteinsparungen mit sich. Sie gehören dort heute zu den Standardtechniken zur Ermittlung von Vorgabezeiten bei Leistungsentlohnung.

„Das Prinzip des Systems vorbestimmter Zeiten besteht in der Erkenntnis, daß sich jede menschliche Tätigkeit nicht geistiger Art als eine Sequenz von Grundbewegungen erklären läßt, deren Art und Zahl von der Anatomie des Menschen her relativ eng begrenzt ist. Unterschiedliche Tätigkeiten sind danach nichts anderes als die unterschiedliche Sequenz von Grundbewegungen wie Hinlangen, Kreisen, Transportieren, Loslassen u. ä. oder Armbewegungen, Fingerbewegung, Kopfdrehen, Augeneinstellen usw. Untersuchungen haben gezeigt, daß der unterschiedliche Zeitbedarf für ein und dieselbe Grundbewegung praktisch auf einige wenige Einflußgrößen — Bewegungslänge und -schwierigkeit, Gewicht, Form und Abmessung zu bewegender Teile usw. rückführbar ist. Es war dadurch möglich, die Grundbewegungen mit ihren Einflußgrößen zu sogenannten Bewegungselementen zu kombinieren und sie in Katalogen, zusammen mit dem jeweiligen durchschnittlichen Zeitbedarf, als Bausteine menschlicher Tätigkeit auszuweisen. Die Systeme vorbestimmter Zeiten bestehen also praktisch nur aus Katalogen von Bewegungselementen und dazugehörenden Regelwerken für ihre Anwendung." (Helm)

Die bekanntesten Verfahren sind in Deutschland **Work-Factor** und **Methods-Time-Measurement (MTM)**. Sie unterscheiden sich nicht wesentlich voneinander. MTM berücksichtigt neben quantitativen auch qualitative Einflüsse, wie z. B. Hinlangen an gleiche oder unterschiedliche Orte.

Ein entscheidendes Kriterium dieser Systeme ist darin zu sehen, daß Aussagen über den Zeitverbrauch gemacht werden können, ohne die Zeiten der ablaufenden Arbeitsprozesse erheben zu müssen. Die unmittelbare Aufnahme kann also ersetzt werden durch die mittelbare Bestimmung der Zeitverbrauche. Im Rahmen einer kritischen Würdigung kann dann untersucht werden, ob bestimmte Bewegungsschritte wegfallen können oder durch kürzere zu ersetzen sind.

Diese Verfahren werden fast ausschließlich im Fertigungsbereich angewendet. Ein **Richtzeitverfahren für** die **Verwaltungsarbeit** ist **Master Clerical Data (MCD).** Neben Zeiten für Bewegungselemente liegen auch Richtzeiten für einfache geistige Bürotätigkeiten vor, wie z. B. lesen, schreiben usw.

Die Anwendung erfolgt in verschiedenen Schritten. Als erstes muß der Arbeitsablauf, für den Zeiten zu ermitteln sind, erhoben werden. Die Erhebung setzt bei den Personen an, die den Arbeitsprozeß erledigen. Der Arbeitsablauf muß als nächstes analysiert werden, d. h., daß der Ablauf in Bewegungs- bzw. Verrichtungselemente zergliedert wird. Dann ist jedes Ablaufelement genau zu definieren, d. h., es sind die Einflußgrößen zu bestimmen. Bei manuellen Arbeitsprozessen ist z. B. die Länge des Weges, die die Hand beim „Greifen" eines Gegenstandes zurücklegt, eine Einflußgröße. Je länger der Weg, desto größer der Zeitverbrauch. Neben dieser quantitativen Einflußgröße ist für den Zeitverbrauch weiterhin entscheidend, wie schwierig der Vorgang ist. So ist es z. B. wesentlich einfacher, einen alleinstehenden Gegenstand zu greifen als einen Gegenstand aus einer größeren Menge gezielt herauszugreifen. Nachdem die Einflußgrößen bestimmt sind, kann aus Tabellen der den Elementen zugehörige Zeitwert abgelesen werden. Die Summen der Zeitwerte der Elemente ergibt dann die Zeit für den gesamten Arbeitsprozeß.

Die so ermittelten Zeiten sind noch nicht identisch mit den Zeitvorgaben, da zusätzlich Rast-, Erholungszeiten usw. i. d. R. als Zuschläge berücksichtigt werden müssen.

Alle Verfahren dienen im wesentlichen folgenden Zielen:

— Arbeitsbewertung und Leistungsbeurteilung,

— Personalbemessung,

— Rationalisierung.

Voraussetzung ist allerdings, und das schränkt die Anwendbarkeit der Systeme im Verwaltungsbereich erheblich ein, daß es sich um eindeutig analysierbare Aufgaben handelt. Diese Voraussetzung ist bei vorwiegend geistigen Arbeiten normalerweise nicht gegeben.

Fragen:

49. Welche Grundüberlegung steht hinter den Systemen vorbestimmter Zeiten?

50. In welche Schritte gliedern sich die Verfahren?

51. Wie beurteilen Sie die Anwendbarkeit bei vorwiegend geistigen Arbeiten?

VII. Laufzettelverfahren

Lernziel:

Nach dem Studium dieses Abschnittes sollen Sie das Laufzettelverfahren kennen und einsetzen können.

Das Laufzettelverfahren ist eine arbeitsablaufbezogene Untersuchungstechnik. An einen Informationsträger (Beleg, Vorgang, Akte, Antrag usw.) wird ein Laufzettel geheftet, der ähnlich geführt wird wie die Begleitpapiere eines Auftrages in der Fertigung.

Auf dem Laufzettel wird der Arbeitsablauf vermerkt. Es sind Felder für folgende Eintragungen vorzusehen:

— Eingangstag,

— Bearbeitungstag,

— Ausgangstag,

— Bearbeiter (mit zusätzlichem Handzeichen),

— Art der Bearbeitung,

— Dauer des Bearbeitungsvorganges.

Damit die Art der Bearbeitung standardisiert aufgeschrieben wird — was die spätere Auswertung erleichtert —, ist es sinnvoll, auf dem Laufzettel einen Katalog der in Frage kommenden Bearbeitungsarten anzugeben, aus dem die Aufschreibenden jeweils die zutreffende auswählen.

Der Erhebungszeitraum ist so festzulegen, daß eine ausreichende Anzahl von Fällen erfaßt wird. Meist reicht ein Zeitraum von einem Monat aus.

Zur Auswertung können auf dem Laufzettel gesonderte Spalten für die verschiedenen Bearbeitungsarten, für die dafür aufgewendeten Zeiten usw. vorgesehen werden.

Mit Hilfe des Laufzettelverfahrens können folgende Fragestellungen beantwortet werden

— Beteiligte an einem Arbeitsprozeß,

— alternative Wege (Verzweigungen) in einem Prozeß,

— Häufigkeiten für die alternativen Wege,

— gesamte Durchlaufzeit,

— Bearbeitungszeiten an den einzelnen Arbeitsplätzen,

— Liegezeiten.

Fragen:

---

52. Welche Informationen sollten auf einem Laufzettel erfaßt werden?

53. Mit welcher Erhebungstechnik ist das Laufzettelverfahren eng verwandt?

VIII. Schätzungen

Lernziel:

Nach dem Studium dieses Abschnittes sollen Sie Schätzungen zur Ermittlung von quantifizierbaren Größen vornehmen können.

Eine Schätzung ist die einfachste Technik der Erhebung. Durch möglichst leicht greifbare Daten von Vorperioden (historische Schätzmethode), eventuell auch durch Vergleich mit verwandten Sachverhalten können Informationen über Zeiten und Mengen gewonnen werden, die auch der Gegenwart und Zukunft zugrunde gelegt werden. Schätzungen lassen sich leicht durchführen und bringen wenig Aufwand mit sich. Dieser Vorteil wird meist mit Ungenauigkeiten in den Aussagen erkauft.

Damit ist die Anwendung bereits umrissen. Schätzungen sind für Grobuntersuchungen speziell in Vorstudien besonders geeignet.

Am Anfang einer Schätzung muß der Sachverhalt, der zu schätzen ist, festgelegt werden. Es kann sich aber dabei handeln um

Zeiten für Arbeitsabläufe (Stückzeiten),

Zeiten für bestimmte Aufgabenarten,

Mengen (z. B. Anzahl Bestellungen) und Häufigkeiten,

zeitliche Verteilung von Ereignissen,

Veränderungen in der Zeit usw.

Wenn hinsichtlich des zu schätzenden Sachverhaltes bereits Erfahrungen vorliegen, muß die als Vergleichsperiode verwendete Zeitspanne bestimmt werden. Dabei ist zu beachten, daß bei vielen Sachverhalten zyklische Schwankungen auftreten. Atypische Vergleichszeiträume müssen ausgesondert werden. Ist der Sachverhalt komplex, empfiehlt es sich, ihn in kleinere, klar voneinander abgrenzbare Schätzgrößen zu zerlegen, für die getrennte Schätzungen durchgeführt werden.

Sind keinerlei schriftliche Unterlagen vorhanden, die analysiert werden können, müssen etwa über Interviews Schätzwerte von Fachleuten oder Betroffenen abgefragt werden. Hier hat sich die Technik des „Eingabelns" als vorteilhaft erwiesen. Es wird erst nach den Extremwerten (z. B. mindestens, höchstens) und dann nach dem Normalfall gefragt.

Liegen brauchbare Aufzeichnungen vor, sind diese auszuwerten. Typische Kennzahlen sind beispielsweise

Zeit : Menge = Stückzeit

Menge : Zeit = Menge pro Zeiteinheit

Da Schätzungen meist für die Gestaltung zukünftiger Regeln vorgenommen werden, müssen die Werte in die Zukunft „verlängert" (extrapoliert) werden. Dabei sind jedoch solche Bedingungen zu beachten, die sich auf die Schätzwerte auswirken und die sich verändert haben oder verändern werden. Um diese Veränderungen der Bedingungen müssen die Schätzwerte korrigiert werden.

Fragen:

---

54. Was sind die typischen Anwendungsbedingungen für Schätzungen?

55. Wie können Schätzungen erleichtert und präzisiert werden?

C. Einsatzmöglichkeiten der Techniken

Lernziele:

Nach dem Studium dieses Abschnittes sollen Sie

— bestimmen können, bei welchen Erhebungsinhalten welche Erhebungstechniken geeignet bzw. weniger geeignet sind,

— die verschiedenen Erhebungstechniken den einzelnen Stufen des Organisationsprozesses zuordnen können.

Die Anzahl der Kreuze in den nachfolgenden Abbildungen signalisiert die Eignung der Erhebungstechniken. Drei Kreuze bedeutet „sehr geeignet", kein Kreuz bedeutet, daß diese Technik praktisch nicht einsetzbar ist.

Die Erhebungsinhalte können grob gesagt in aufbau- und ablauforganisatorische Fragestellungen untergliedert werden. Wie die Abb. 8 zeigt, unterscheiden sich die einsetzbaren Techniken z. T. recht deutlich.

Erhebungstechnik

Erhebungsinhalte	Interview	Fragebogen	Beobachtg. (Multimoment)	Dokumentenstudium	Selbstaufschreibung	Systeme vorbest. Zeiten	Laufzettel-verfahren	Schätzungen
Aufbauorientiert								
Aufgaben	XXX	X	X	X	XX		X	
Aufgabenverteilung	XXX	X	XX	X	XX		X	
Sachmitteleinsatz	XXX	XXX	XXX	X				
Befugnisse	XX	XX		XXX	X			
Kommunikationsbeziehungen	XX	X			XXX		X	
Ablauforientiert								
Beteiligte an Arbeitsprozessen	XXX		X				XXX	
Abläufe (räumlich)	XXX		X		XX		XXX	
Liegezeiten	X				XX	XX	XXX	X
Bearbeitungszeit dauer / Stelle	X	X	XXX		XXX		XX	X
Bearbeitungszeitpunkte			XX		XXX		XX	X
Durchlaufzeiten / Stck.	X	X	XX		XXX	X	XXX	XX
Auslastung	X	XX	XXX		XX			XX
Warteschlagen	X	X	XXX		XXX			X
Mengen / Häufigkeiten	X	X	X	XX	XXX		X	X

Abb. 8: Erhebungstechnik und Erhebungsinhalt

Organisations-prozeß	Erhebungstechnik							
	Interview	Fragebogen	Beobachtg. (Multimoment)	Dokumentenstudium	Selbstaufschreibung	Systeme vorbest. Zeiten	Laufzettel-verfahren	Schätzungen
Vorstudie	XX		X	XXX				XXX
Hauptstudie	XXX	X	XX	XX	XX		X	XX
Teilstudien	XXX	XXX	XXX	X	XXX	XX	XXX	X
Systembau	XXX		X	X		XX		X

Abb. 9: *Erhebungstechnik und Organisationsprozeß*

Auch hinsichtlich der Stufen des Organisationsprozesses gibt es unterschiedliche Einsatzschwerpunkte (siehe dazu das Heft „Organisationsmethode"). Es ist ersichtlich, daß die gröberen Instrumente wie Schätzungen und Dokumentenstudium in der Vorstudie eine bedeutende Rolle spielen. Die arbeitsaufwendigeren Instrumente, die darüber hinaus die Betroffenen stärker „stören", gewinnen erst im Projektfortschritt an Bedeutung.

Selbstverständlich kann es sich bei beiden Übersichten nur um Tendenzaussagen handeln, die im Einzelfall durchaus auch einmal nicht zutreffen können.

Fragen:

56. Warum eignet sich das Dokumentenstudium besonders zur Ermittlung von Befugnissen?

57. Warum sinkt die Bedeutung von Schätzungen im Fortschritt des Organisationsprozesses?

Antworten zu den Fragen

1. Aufgabenträger, Aufgaben, Sachmittel, Informationen, Aufbau- und Ablaufbeziehungen, Mengen, Zeiten, Raum.

2. Personalbemessung, Sachmitteleinsatz.

3. Stückzeit, Gesamtzeit für eine Aufgabe im Zeitraum, Zeit des Aufgabenanfalls.

4. Pausen, Erholungszeiten, Krankheit, Urlaub, Schulung.

5. Verunsicherung und Sorge auf Grund der ungewissen zukünftigen Entwicklung. Angst, den zukünftigen Anforderungen nicht gewachsen zu sein. Angst vor der bzw. Unwille über die Änderung an sich.

6. Rational durch eine ausreichende Vorinformation. Emotional durch den Aufbau eines Sympathiefeldes sowie durch den Beginn mit „leichten" Fragen.

7. Am Arbeitsplatz, da dadurch der Befragte psychologisch entlastet wird, eine zusätzliche Beobachtung möglich ist und außerdem auf Unterlagen zurückgegriffen werden kann.

8. Unterlegenheitsgefühl des Befragten und „Streifenwageneffekt".

9. Es sollten keine technischen Aufzeichnungsgeräte verwendet werden. Zweckmäßig ist es, stichwortartig und beiläufig die wichtigsten Aussagen während des Interviews zu notieren.

10. Es sollte sich um quantitative Sachverhalte und bekannte Dimensionen handeln, sowie um Fragen, die weitgehend auf der rationalen Ebene angesiedelt sind. Die Befragten müssen sprachlich in etwa auf der gleichen Ebene stehen, da sie einheitlich angesprochen werden.

11. Ein weiches Interview ist durch ein freundliches, zuvorkommendes, hilfsbereites und menschenorientiertes Auftreten gekennzeichnet. Ein hartes Interview ist provozierend und aggressiv. Es wird versucht, den Befragten unter Druck zu setzen.

12. Einleitungsphase

    Sachliche Erhebungsphase

    — Sammlung allgemeiner Informationen
    — Probleme bzw. Ziele
    — Problemursachen
    — Lösungsansätze

— Bewertung der Lösungsansätze

— Zusammenfassung

Ausklangphase

13. Allgemeine Informationen sind leichte Fragen, die zur Lockerung der Gesprächsatmosphäre am Anfang stehen sollten. Darüber hinaus wird nur durch diesen Informationshintergrund sichergestellt, daß der Erheber Probleme, Ursachen und Lösungsansätze auch selbst beurteilen kann.

14. Der Interviewer soll sich jeglicher eigener Stellungnahme enthalten.

15. Von der Zielsetzung des Erhebers und der jeweiligen Situation.

16. Geschlossene Fragen beschleunigen das Interview. Sie dienen vor allen Dingen zur Bestätigung bzw. zur Prüfung des richtigen Verständnisses.

17. Es wird die Auskunftsbereitschaft geweckt. Der Interviewer gewinnt Zeit, selbst nachzudenken.

18. Vgl. S. 19.

19. Leichtere Auswertung. Scheu der Mitarbeiter bei offenen Fragen, mit eigenen Formulierungen frei zu antworten.

20. Vgl. S. 21.

21. Etwa 20 Personen, da sonst der Vorbereitungsaufwand relativ zu hoch.

22. Kreis der Befragten festlegen

Dokumentenstudium und Vorab-Interviews

Entwurf, Fragebogen und Anleitung

Test/Überarbeitung

Herstellung

Versand

Terminverfolgung und Mahnung

Auswertung

23. Leichtere Auswertung. Schnelle Auskünfte bei großer Anzahl von Auskunftspersonen. Befragte können in Ruhe Informationen zusammentragen. Es ist leichter, Vielbeschäftigte zu erwischen.

24. Offene und verdeckte, strukturierte und unstrukturierte Dauerbeobachtungen und Stichproben-Beobachtungen.

25. Der Beobachter zeichnet die Beobachtungsergebnisse nach einem vorher festgelegten Schema auf.

26. Es sollen im Vergleich zur Dauerbeobachtung Zeit und damit Kosten gespart werden, ohne dabei wesentliche Einbußen hinsichtlich der Zuverlässigkeit der Aussagen hinnehmen zu müssen.

27. Die Beziehung ist gegenläufig: je genauer desto unsicherer und umgekehrt.

28. Nein. Sie wird normalerweise auf 95 % festgelegt.

29. Daß in 5 % aller Beobachtungsergebnisse der tatsächliche Wert nicht innerhalb des Genauigkeitsbereiches liegt, sondern — in der Regel knapp — daneben.

30. Ermittlung von Zeitanteilen

    Auslastungsstudien von Mitarbeitern und Sachmitteln

    Häufigkeit bestimmter Ablaufarten

31. Durch Tafeln, die der Mitarbeiter vor seiner Abwesenheit aufstellt.

32. Von der gewünschten Genauigkeit sowie von der Größe des Merkmalsanteils.

33. Durch eine Voruntersuchung von etwa 400 Notierungen werden die groben Merkmalsanteile ermittelt oder es wird von einer vorhandenen Kapazität ausgegangen und dann zurückgerechnet, wieviele Notierungen durch diese Kapazität in einem Beobachtungszeitraum vorgenommen werden können.

34. Der geschätzte Merkmalsanteil wird mit der gewünschten Genauigkeit verbunden. In der Verlängerung dieses Strahls kann die Anzahl der notwendigen Notierungen abgelesen werden. Sind die Merkmalsanteile nach der Studie ermittelt, wird durch die Verbindung des Merkmalsanteiles mit der Anzahl der getätigten Notierungen die für dieses Merkmal geltende Genauigkeit ermittelt.

35. Die Startzeitpunkte sind zufällig zu bestimmen.

36. Vgl. S. 38.

37. Die von der Untersuchung betroffenen Mitarbeiter ebenso wie der Betriebs- bzw. der Personalrat.

38. Der tatsächliche Anteil der Tätigkeit A liegt mit 95 %iger Sicherheit innerhalb der Grenzen 25 ± 1,9 %, d. h. 23,1 bis 26,9 %.

39. Weniger Verfälschung durch bewußt falsche Auskünfte. Es werden keine Zeitmeßgeräte benötigt. Der Arbeitsablauf wird nicht gestört. Gleichzeitig kann eine große Anzahl von Stellen beobachtet werden. Jede beliebige Detaillierung. Leichte Auswertung.

40. Planmäßig erstellte Dokumente ohne eine aktuelle organisatorische Untersuchung, ad hoc aus aktuellen Anlässen erstellte Dokumente.

41. Im Rahmen der Vorstudie, um sich ein Mindestmaß an Informationen zu verschaffen und um gleichzeitig Unruhe bei den Betroffenen zu vermeiden.

42. Ein Tagesbericht ist eine chronologische Auflistung der Tätigkeiten und der für die Tätigkeiten aufgewendeten Zeiten. Darüber hinaus können auch weitere Informationen in den Tagesberichten erhoben werden. Durch den Aufgabenkatalog können die Aufschreibenden ihre Tätigkeiten eindeutig zuordnen; damit wird die spätere Auswertung wesentlich erleichtert.

43. Vgl. S. 44.

44. Bei der Selbstaufschreibung müssen die Mitarbeiter überwacht werden, ob sie die Aufschreibungen zeitsynchron durchführen. Darüber hinaus ist zu prüfen, ob unrealistische Auslastungsquoten angegeben werden.

45. Verdichtete Tagesberichte sind nach den zeitlichen Gesichtspunkten geordnete Übersichten für während einer Woche erstellte Selbstaufschreibungen.

46. Viele Ideen über Verbesserungsmöglichkeiten liegen normalerweise bei den Betroffenen selbst. Darüber hinaus wird die spätere Einführung erleichtert, wenn die Betroffenen eigene Gedanken wiedererkennen.

47. Die Vorschläge sollten auf jeden Fall über den Vorgesetzten laufen, da dieser sich sonst übergangen fühlt.

48. Grundsätzlich besteht die Gefahr der Manipulation. Durch Beteiligung des jeweiligen Vorgesetzten und durch parallel zur Aufschreibung vorgenommene Kontrollen lassen sich die Manipulationen jedoch in Grenzen halten.

49. Es sollen Zeitvorgaben ermittelt werden, ohne direkt Zeit messen zu müssen.

50. Erhebung des Arbeitsablaufes

   Analyse des Arbeitsablaufes

   Bestimmung von Einzelgrößen

   Errechnen zugehöriger Zeitwerte

   Errechnen von Zuschlägen

51. Die Anwendung ist sehr begrenzt, da geistige Arbeiten nur schwer exakt analytisch nachvollziehbar sind.

52. Eingangstag

   Bearbeitungstag

   Ausgangstag

   Bearbeiter

Art der Bearbeitung

Dauer des Bearbeitungsvorganges

53. Selbstaufschreibung.

54. Grobuntersuchungen in Vorstudien.

55. Heranziehen von Vergleichsperioden, die möglichst typisch sind. Zerlegung in kleinere, klar voneinander abgrenzbare Schätzgrößen.

56. Normalerweise sind Befugnisse schriftlich fixiert.

57. Je weiter das Projekt stufenweise fortschreitet, desto detaillierter und damit präziser müssen die Informationen sein.

Literaturhinweise

Acker, Heinrich: Organisationsanalyse. Verfahren und Techniken praktischer Organisationsarbeit. 4. Aufl., Baden-Baden - Bad Homburg 1966.

Andreas, Dieter: Kostenkontrolle — Arbeitsvereinfachung. I. Textband, II. Formular- und Beispielsammlung, Gauting bei München 1972.

Atteslander, Peter: Methoden der empirischen Sozialforschung, Berlin 1969.

Becker, Bernd: Erhebungstechniken. In: Handbuch der Verwaltung. Heft 4. 1, Köln - Berlin - Bonn - München 1974.

Bethke, Hans-Dietmar: MTM zur Datenerfassung in Büro und Verwaltung. Deutsche MTM-Vereinigung e. V., Düsseldorf 1970.

Birn, S. A.; R. M. Crossan; R. W. Eastwood: Wege zur Senkung und Kontrolle der Verwaltungskosten, Berlin 1964.

Eickhoff, Karl H.; R. Krüger; H.-H. Stachowiak: Multimoment-Studien im Sparkassenbetrieb, Stuttgart 1971.

Feurer, Willi E.: Brevier der Arbeitsvereinfachung. Schriftenreihe des Instituts für Betriebswirtschaft an der Hochschule St. Gallen. 2. Aufl., Bern - Köln - Opladen 1968.

Gruppe, Günther: Erfolgreiche Arbeitsvereinfachung. Hrsg. v. Hessischen Institut für Betriebswirtschaft, Frankfurt/M - München 1959.

Haller-Wedel, Ernst: Das Multimoment-Verfahren in Theorie und Praxis. Ein statistisches Verfahren zur Untersuchung von Vorgängen in Industrie, Wirtschaft und Verwaltung, Bd. II, 2., neubearb. Aufl., München 1969.

Helm, Reinhold: Systeme vorbestimmter Zeiten. Der Arbeitgeber, Heft 19/20, 1967, S. 574—576.

KGSt-Gutachten: Organisationsuntersuchungen in der Kommunalverwaltung. 5. Aufl., Köln 1977, S. 97—174.

König, René: Die Beobachtung. In: Handbuch der empirischen Sozialforschung. Bd. 1, Hrsg. R. König, 2. Aufl., Stuttgart 1967.

REFA: Methodenlehre des Arbeitsstudiums, Teil 2: Datenermittlung, München 1971.

Schmidt, Götz: Organisation — Methode und Technik, 3. Aufl., Gießen 1977.

Siech, Werner: Amerikanische Methoden zur Arbeitsvereinfachung, Erlangen - Berlin 1952.